Sitzungsberichte
der Akademie der Wissenschaften
der DDR
Mathematik – Naturwissenschaften – Technik

2N

1986

Egon Uhlig

Kopplung von C_1-Bausteinen an elektronenreichen Übergangsmetallkomplexen

Friedrich Wolf / Waltrud Hager

Zur Modifizierung von Trägern durch Abscheidung von Kohlenstoff aus der Gasphase

AKADEMIE-VERLAG BERLIN

Sitzungsberichte
der Akademie der Wissenschaften
der DDR
Mathematik — Naturwissenschaften — Technik

Jahrgang 1986 · Nr. 2/N

Egon Uhlig

Kopplung von C_1-Bausteinen an elektronenreichen Übergangsmetallkomplexen

Friedrich Wolf / Waltrud Hager

Zur Modifizierung von Trägern durch Abscheidung von Kohlenstoff aus der Gasphase

AKADEMIE-VERLAG BERLIN
1986

Vortrag von Egon Uhlig, Korrespondierendes Mitglied
der Akademie der Wissenschaften der DDR,
gehalten am 16. 5. 1985 vor der Klasse Chemie

Herausgegeben im Auftrage
des Präsidenten der Akademie
der Wissenschaften der DDR
von Vizepräsident Prof. Dr. Heinz Stiller

ISBN 3-05-500010-2
ISSN 0138—3965
Erschienen im Akademie-Verlag Berlin, DDR-1086 Berlin, Leipziger Str. 3—4

Lizenznummer: 200 · 100/208/86
Printed in the German Democratic Republic
Gesamtherstellung: VEB Druckhaus Köthen
LSV 1255
Bestellnummer: 763 6241 (2010/86/2/N)
00450

Inhalt

Egon Uhlig

Kopplung von C_1-Bausteinen an elektronenreichen Übergangsmetallkomplexen

Die metallgestützte Kopplung zweier oder mehrerer C_1-Bausteine mit sich selbst oder mit anderen einfachen Molekülen setzt, wenn sie ohne wesentliche Veränderung des Atomgerüstes verlaufen soll, die Bildung wenigstens einer σ-Bindung voraus. Sie ist daher auf ungesättigte Verbindungen und einen elektronenreichen Übergangsmetallkomplex als Elektronenlieferanten angewiesen:

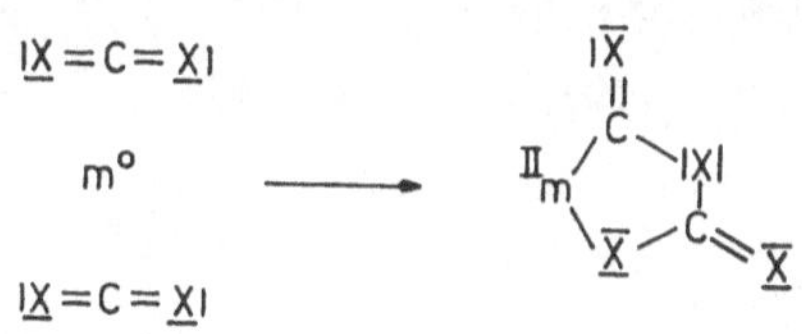

Die Forderung nach einem ungesättigten C_1-Baustein schließt Methan und Methanol von den weiteren Überlegungen aus; auch für Ameisensäure und Formaldehyd sind Kopplungen in dem eben definierten Sinne nicht typisch. Gegenstand der folgenden Betrachtungen werden daher Schwefelkohlenstoff, Kohlendioxid, Carbonylsulfid und Kohlenmonoxid sein. Sie spiegeln im wesentlichen Ergebnisse der letzten zehn Jahre wider. Die meisten Erkenntnisse liegen über den Schwefelkohlenstoff vor. Sie sollen daher zur Einführung in das Gebiet dienen.

Voraussetzung für eine metallgestützte Kopplung unter Beteiligung von CS_2 ist dessen koordinative Wechselwirkung mit einem elektronenreichen Zentralatom. Aus der nicht geringen Zahl von CS_2-Komplexen seien vier repräsentative Verbindungen ausgewählt.

CS_2 kann danach in eine einfache η^2 („side-on“)-Wechselwirkung mit einem Zentralatom treten (I) [1]. Häufiger sind aber Komplexe mit CS_2 als Brückenligand. Man kennt zwei Arten der η^3-Koordination (II, III) [2, 3]. Komplexe des Typs II werden auch als Metallodithiocarboxylate bezeichnet. CS_2 als η^5-Ligand ist in dem siebenkernigen Cobaltkomplex IV nachgewiesen worden [4].

In allen Fällen ist der CS_2-Ligand gewinkelt, die Valenzwinkel reichen von 137° bis herab zu 109°. Das regt dazu an, bei der Beschreibung der Bindungsverhältnisse von angeregten Zuständen des CS_2 und des Komplexrumpfes m(O) auszugehen

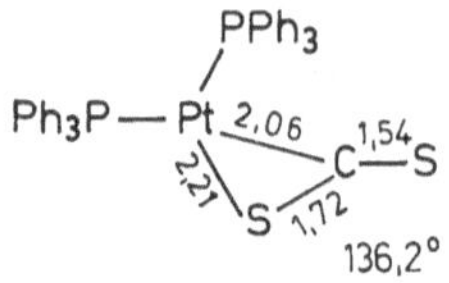

I (η^2)

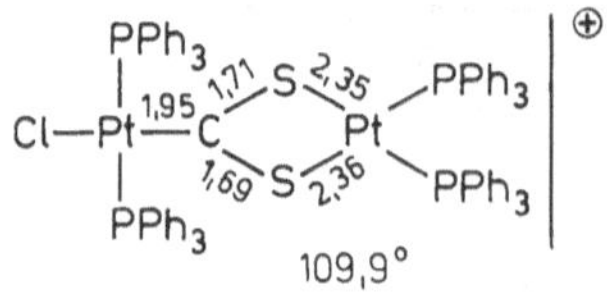

II (η^3)

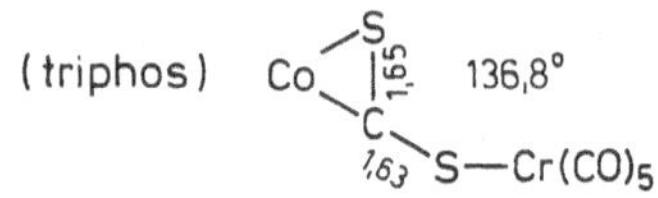

III (η^3)

$CH_3C(CH_2PPh_2)_3$

triphos

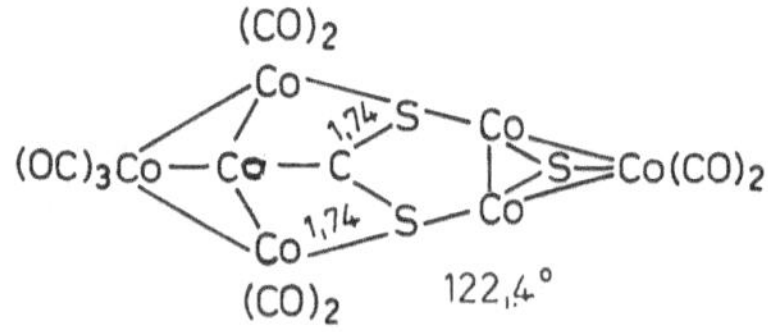

IV (η^5)

[1, 5]. Daneben muß aber ein beträchtlicher Chargetransfer vom Komplexrumpf zum CS_2-Liganden berücksichtigt werden: Eine ab-initio-Rechnung am Beispiel des mit I strukturell verwandten, hypothetischen Komplexes $(PH_3)_2Ni(CO_2)$ ergab dafür einen Betrag von 0,71 e [6]. Als eine der mesomeren Grenzformeln kann daher ein Ionenpaar aus dem Radikalanion CS_2^- und einem m(I)-Rumpf angegeben werden. Es sei noch darauf hingewiesen, daß das LUMO des ersten angeregten (gewinkelten) Zustandes des neutralen CS_2 von der Symmetrie her mit dem einfach besetzten MO (dem SOMO) des CS_2^- identisch ist [7]. Zur qualitativen Beschreibung der Bildung von CS_2-Komplexen kann man daher wie folgt vorgehen:

CS_2 und die elektronenreiche Übergangsmetallverbindung m setzen sich zum aktivierten Komplex V um, der in Abhängigkeit vom Zentralatom, vom Ligandensatz, vom Lösungsmittel usw. in unterschiedlicher Weise (meist unter partieller Eliminierung vorhandener Liganden) abreagiert. Ist die Elektronegativität des Zentralatoms hoch und seine Tendenz zur δ-Bindung ausgeprägt, dann entsteht aus V ein metallhaltiger Dreiring. Diese Bedingungen sind am besten beim Platin erfüllt. Im Komplex I entspricht die exocyclische C-S-Bindungslänge recht genau dem Erwartungwert für eine Doppelbindung (1.55 Å). Die endocyclische C-S-Bindung dagegen nähert sich, wenn man wieder den Atomabstand betrachtet, der Einfachbindung an. Für diese Art der Beschreibung von I spricht auch das ^{13}C-NMR-Spektrum [8]. Zwei Kopplungskonstanten $^2J(^{31}P\text{-}Pt\text{-}^{13}C)$ (PPh_3 in cis- bzw. trans-Position zum Kohlenstoff) schließen eine freie Rotation des CS_2-Liganden um die unten angegebene Achse aus. Bei dominierender π-Wechselwirkung wäre aber eine solche zu erwarten.

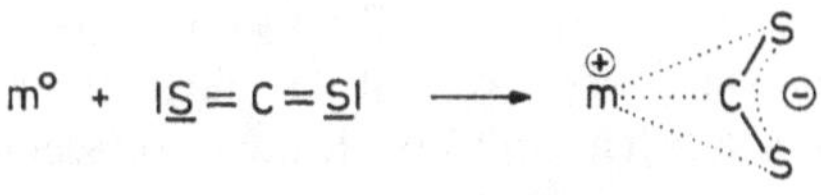

V

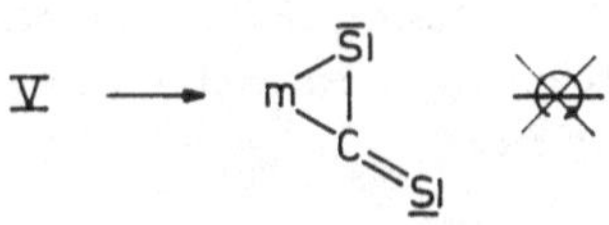

Tritt an die Stelle des Platins eines der schwächer elektronegativen Elemente der 3d-Reihe, etwa Cobalt oder Nickel, so steigt der Anteil der Ionenbeziehung an der M-CS_2-Bindung. Dadurch wächst die Elektronendichte am CS_2-Liganden allgemein und am exocyclischen Schwefel im besonderen an [5]. Der exocyclische Schwefel kann daher gegenüber geeigneten Zentralatomen als Haftatom wirken. Die entstehenden Zweikernkomplexe können hetero- aber auch homonuklear sein (III, VI) [9].

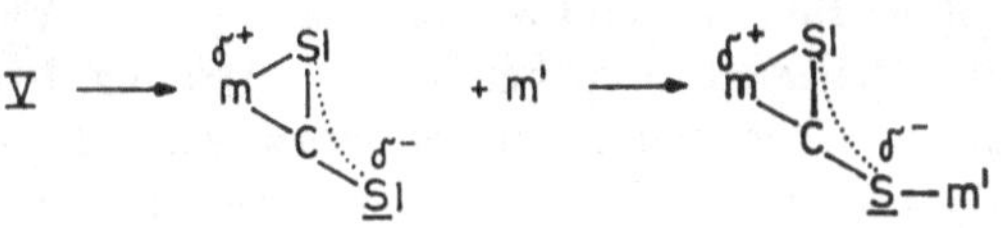

Von den einfachen Koordinationsverbindungen des Kohlendioxids sind bisher drei strukturell eindeutig charakterisiert: K/Co(Pr-salen) (η^1-CO_2)/[10], (η^5-$C_5H_4Me)_2$ Nb(CH_2SiMe_3) (η^2-CO_2) [11] und $(Cy_3P)_2Ni(\eta^2$-$CO_2)$ [12] (VII). VII ist strukturell dem Komplex I nahe verwandt. Auch in diesem Fall zeigen die C–O-Bindungslängen die Ladungsübertragung zum CO_2 hin an.

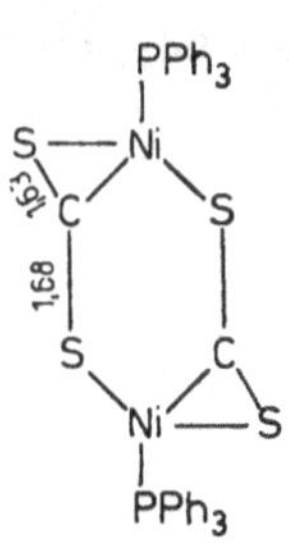

VI

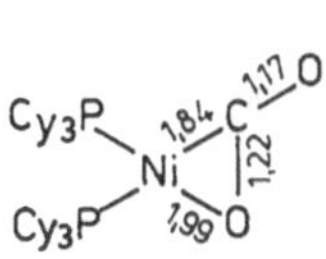

Cy = C_6H_{11}

VII

Interessant ist noch die folgende Beobachtung: Bietet man dem Rumpf $(Cy_3P)_2Ni$ nicht CO_2 sondern CS_2 als Liganden an, so wird unter partieller Eliminierung von PCy_3 ein oligomerer Komplex $[(Cy_3P)Ni(CS_2)]_n$ gebildet [13], in dem mit Sicherheit exocyclischer Schwefel als Donatoratom wirkt (vgl. VI). Dem exocyclischen Sauerstoff im CO_2-Komplex geht diese Tendenz ab, offenbar weil der harte Sauerstoff gegenüber dem weichen elektronenreichen Nickelrumpf ein denkbar schlechter Donator ist. Der in VII vorgegebene Verbindungstyp ist auch mit Triethylphosphin realisierbar [14]. Man kann nun zwei Fragen stellen:

1. Warum sind Komplexe des CO_2 mit elektronenreichen Zentralatomen so selten?
2. Welche Voraussetzungen müssen erfüllt sein, damit ein elektronenreicher Übergangsmetallkomplex mit Heteroallenen reagiert?

Zur Beantwortung können Substitutionsreaktionen an Nickel(0)-Komplexen [13], vor allem an (dipy)Ni(COD), herangezogen werden:

$$\text{(dipy)Ni(COD)} + |\underline{X}{=}C{=}\underline{Y}| \longrightarrow \text{(dipy)Ni}\begin{matrix} X \\ \vdots \\ C \end{matrix}\!\!\diagdown Y + \text{COD} \qquad a$$

$$XCY = \text{SeCS, SCS, SCO}$$

Das oben entwickelte Modell der Bildung von CS_2-Komplexen ist, wie die Bindungsverhältnisse im CO_2-Komplex VII zeigen, offenbar erweiterungsfähig. Im aktivierten Komplex V spielt die Elektronenübertragung vom Komplex zum Heteroallen eine wesentliche Rolle. Sie wird um so leichter eintreten, je negativer das Redoxpotential der Nickel(O)-Verbindung und je positiver das des Heteroallens ist.[1] In den Tabellen 1 und 2 sind die entsprechenden elektrochemischen Größen zusammengefaßt. Die Potentiale sind mehr oder weniger stark irreversibel (vgl. dazu die Tomeš-Zahlen); sie ermöglichen also nur qualitative Vergleiche, die aber trotzdem aufschlußreich bleiben.

[1] Vom Mechanismus her der Reaktion *a* nahe verwandt ist offenbar die oxidative Addition von Arylhalogeniden an $Ni(PEt_3)_4$:

$$Ni(PEt_3)_4 \xrightarrow{-PEt_3} Ni(PEt_3)_2 \xrightarrow{ArX} [Ni(PEt_3)_2^{+}\ ArX^{\bar{\cdot}}]$$
$$\xrightarrow{-PEt_3} [(Et_3P)_2Ni^{II}(Ar)X]$$

Im geschwindigkeitsbestimmenden Schritt wird durch Einelektronenübertragung ein dichtes Ionenpaar gebildet, das durch den Collaps des Lösungsmittelkäfigs, verbunden mit der Eliminierung eines Phosphinliganden, in einen Nickel(II)-Arylkomplex übergeht. Eine Betrachtung quantitativer Aspekte findet sich in [39].

Tabelle 1 Polarographische Halbstufenpotentiale von Kohlenstoffdichalcogeniden[a]) (gegen ges. Kalomelelektrode, 20 °C) [13]

	$E_{1/2}$	$E_{1/4} - E_{3/4}$[b])	Literaturangabe	
CO_2	–	–	−2,2 V	[37]
SCO	−2,03 V	130 mV	–	
CS_2	−1,65 V	100 mV	−1,50 V	[38]
SeCS	−1,45 V	70 mV	–	

[a]) in DMF, $[NEt_4]ClO_4$ als Leitsalz, [b]) Tomes-Zahl (bei ideal reversibler Stufe 55 mV)

Tabelle 2 Redoxpotentiale des Vorganges $Ni^\circ \rightleftharpoons Ni^I + e$ in THF

$Ni(PEt_3)_4$	−0,74 V	CV [39]	$(PPh_3)_2Ni(C_2H_4)$	+0,16 V	P
$(PCy_3)_2Ni(C_2H_4)$	−0,20 V	P	(dipy)Ni(COD)	−0,55 V	P
$Ni(PPh_3)_4$ [a])	−0,41 V	CV [39]	$(dipy)Ni(PPh_3)_2$[b])	−0,5 V	P
	−0,33 V	P			

P Polarographie (Raumtemperatur gegen ges. Kalomelelektrode, NH_4PF_6 als Leitsalz)
CV Cyclische Voltammetrie (Raumtemperatur gegen ges. Kalomelelektrode, $[NEt_4]ClO_4$ als Leitsalz)
[a]) vollständige Dissoziation in $Ni(PPh_3)_3$ und PPh_3
[b]) in verdünnter Lösung partielle Dissoziation

$E_{1/2}$ sinkt von SeCS zu CO_2 deutlich ab. Eine Elektronenaufnahme durch das Heteroallen als Voraussetzung für den Ablauf der Reaktion *a* sollte daher beim CO_2 am schwierigsten erfolgen. Tatsächlich reagiert (dipy)Ni(COD) mit SeCS, CS_2 und OCS unter Substitution. Das sind alles Substrate mit $E_{1/2} \geq -2{,}0$ V. Mit CO_2 als einem noch schwächeren Oxydationsmittel gelingt dagegen die Substitution nicht. CO_2 reagiert nur mit dem stärksten der bisher untersuchten Einelektronendonatoren, dem $Ni(PEt_3)_4$ (vgl. Tab. 2), unter Bildung von $(Et_3P)_2Ni(CO_2)$ [14].

Im folgenden soll auf die Kopplung der koordinierten C_1-Species CO_2 bzw. CS_2 mit einfachen organischen Molekülen näher eingegangen werden. OCS ist als Ligand wenig stabil und reagiert vor allem unter Bildung von Carbonylkomplexen ab [13].

Oben war betont worden, daß in CS_2-Komplexen durch Elektronenübertragung vom Zentralatom her die Donatorstärke des exocyclischen Schwefels ansteigt. Das befähigt ihn, gegenüber koordinativ ungesättigten Zentralatomen als Ligand zu wirken (vgl. Verbindung III). Aus anderer Sicht gesehen, erlangt dieser Schwefel nukleophile Eigenschaften. Das wird durch die Reaktion *b* [16] belegt:

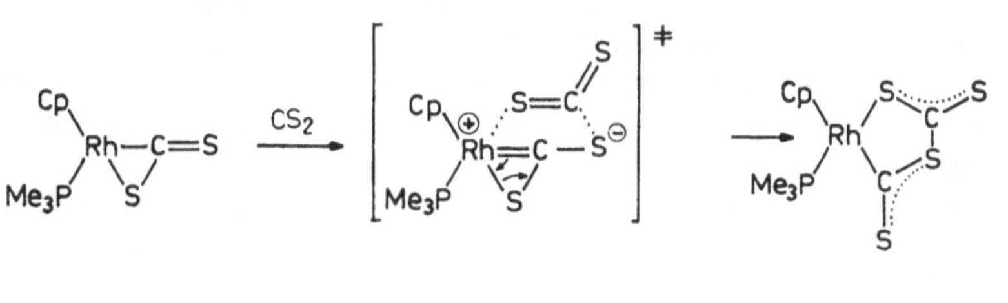

b

Das Elektrophil ist hier freier Schwefelkohlenstoff. Genauer betrachtet handelt es sich um eine 1,3-dipolare Addition mit einem cyclischen Übergangszustand. Damit ist auch auf die feine Abstimmung zwischen Substrat und Reagenz sowie zwischen Zentralatom und Liganden im Reagenz selbst hingewiesen, an die die Bildung des metallhaltigen Fünfringes gebunden ist.

Wir sind heute noch weit davon entfernt, die Einflußgrößen zu kennen, die einen Reaktionsablauf in dem eben genannten Sinne auslösen können. Noch werden solche Umsetzungen durch Zufall gefunden, und das, wie das nächste Beispiel zeigt, nicht nur beim CS_2:

$$\mathrm{Cl\,Ir\,(C_8H_{14})(PMe_3)_3} \xrightarrow[-C_8H_{14}]{CO_2,\ C_6H_6} \mathrm{Cl\,Ir\,(CO_2)\,(PMe_3)_3}$$

VIII IX

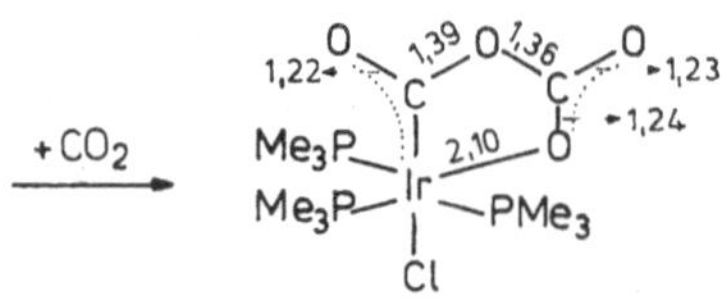

Am Iridiumkomplex VIII können zwei CO_2-Moleküle zu einem fünfgliedrigen Chelatring verknüpft werden [17]. Chelatligand ist das Dianion der Formylkohlensäure. Es gibt einen NMR-spektroskopischen Hinweis dafür, daß die Reaktion über den einfachen Komplex IX mit einem nukleophilen CO_2-Liganden verläuft.

Halten wir an dieser Stelle fest, was die Koordination einer C_1-Species an einem elektronenreichen Zentralatom bewirken kann: Sie polt die C_1-Species um, aus einem elektrophilen wird ein nukleophiles Reagenz. Eine solche Verstärkung der nukleophilen Reaktivität durch Koordination an elektronenreiche Zentralatome ist nun auch bei Heteroolefinen, z.B. bei Aldehyden und Azomethinen, möglich. Als Koordinationszentren haben sich besonders Nickel(0)-Rümpfe bewährt, die zweizählige Stickstoffliganden (dipy, Me_4en), manchmal auch zweizählige Phosphine enthalten.

Vom Benzalanilin ist seit langem ein grüner Nickel(0)-Komplex X bekannt [18]. Die Strukturanalyse steht aus; man darf aber eine planare Anordnung der beiden Liganden annehmen, speziell für die Azomethingruppierung also eine η^2-Koordination. KRÜGER [19] hat die Struktur der verwandten Verbindung $/Ni(HN{=}CPh_2)_2/_3$ bestimmt. Drei der Benzophenonimin-Liganden sind über das freie Elektronenpaar des Stickstoffs an Nickel(0) koordiniert, die restlichen drei aber „side-on“. Die C=N-Bindungslänge ist von normal 1,26 Å auf 1,42 Å angewachsen. Das ist das Ergebnis einer starken Backdonation in das π^*-Orbital des Heteroolefins, die gleichzeitig die Elektronendichte am Stickstoffatom erhöht.

Man darf nach allem annehmen, daß das im Komplex X koordinierte Benzalanilin sich in seinem elektronischen Verhalten einem normalen Amin annähert und mit CO_2 als Nukleophil reagiert. Man kann einen Übergangszustand XI diskutieren, ähnlich wie bei der Bildung des fünfgliedrigen Rhodiumcyclus (Gl. *b*). Das Kopplungsprodukt enthält eine stabile Ni–O-Bindung. Trotzdem ist Reaktion *c* bei wenig erhöhter Temperatur umkehrbar.

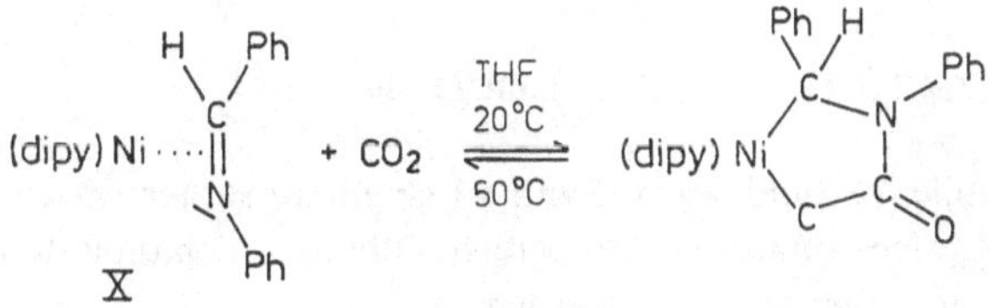

X

c

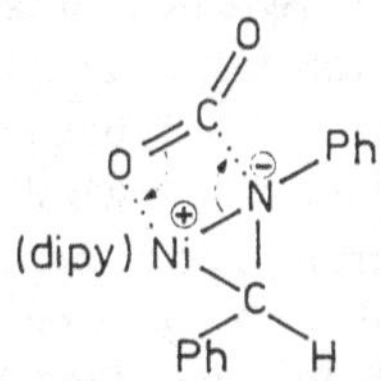

XI

Die Sichtung des Umfeldes ergab, daß auch aliphatische Aldehyde am Nickel(0)-Rumpf mit CO_2 gekoppelt werden können [21]. Nicht geeignet sind nach den bisherigen Erfahrungen Ketone und aromatische Aldehyde.

Drei Bemerkungen seien angeschlossen:

– Die Kopplung von CO_2 mit Heteroolefinen an Nickel(O)-Rümpfen wurde 1979 von Walther und Dinjus [20] in unserem Wissenschaftsbereich durch einen Zufall gefunden. Mit chemischer Logik wäre man wohl auch nicht darauf gestoßen. Wir hatten früher gezeigt, daß (dipy)Ni(COD) mit CO_2 im Gegensatz etwa zu CS_2 nicht reagiert [18]. Wir kannten weiterhin die katalytische Wirkung dieses Metallkomplexes bei der Aldolkondensation [22]. Es war daher schon überraschend, daß CO_2 die Aldokondensation unterdrückt und daß obendrein der Ringschluß erfolgt.

– CS_2 geht mit Aldehyden oder Azomethinen keine zu *c* analoge Ringschlußreaktion ein. CS_2 ist ein stärkerer π-Akzeptorligand als die Heteroolefine (vgl. dazu die polarographischen Halbstufenpotentiale, Tab. 1 und [18]). Der Komplex (dipy)Ni(CS_2) entsteht auch in Gegenwart der Heteroolefine. Koordinierter Schwefelkohlenstoff verliert seine nukleophile Reaktivität, die CO_2-Analogie geht verloren.

– In allen bisher vorgestellten Fällen der Kopplung von C_1-Bausteinen in der Koordinationssphäre elektronenreicher Komplexe werden C–O-, C–N- oder C–S-Bindungen geknüpft. Man erhält Heteroringe, die auf die Dianionen der Formylkohlensäure, einer substituierten Carbaminsäure oder eines Monokohlensäureesters zurückgehen:

$(Me_3P)_3IrO_2COCO(Cl)$ — $H(O)C{-}O{-}C(O)OH$

$(dipy)NiO_2CN(Ph)CHPh$ — $PhCH_2N(Ph)COOH$

$(dipy)NiO_2COCHCH_3$ — CH_3CH_2OCOOH

Das sind sehr instabile Verbindungen. Synthetisch interessanter wären Produkte, in denen CO_2 an ein Kohlenstoffatom gekoppelt ist. Offensichtlich muß dann aber das Gebiet der polaren Reaktionen verlassen werden.

Metallinduzierte C—C-Kopplungen, speziell zwischen Butadienmolekülen untereinander, sind schon in den sechziger Jahren von Wilke und Mitarbeitern gefunden und zu katalytischen Synthesen von Cyclooctadien-1,5, Vinylhexen (VCH) und Cyclododecatrien (CDT) ausgebaut worden [23]. Eine Schlüsselrolle spielt dabei nacktes Nickel, d.h. Nickel(0), das durch Komplexierung mit einem ungesättigten Kohlenwasserstoff stabilisiert wird. Dieses Nickel überträgt in seiner Koordinationssphäre zwei Elektronen auf zwei oder drei Moleküle Butadien [24]. Es erfolgt eine C—C-Kopplung und das gebildete C_8- oder C_{12}-Fragment wird als π-Allylspecies oder über eine Metall-Kohlenstoff-σ-Bindung an Nickel(II) gebunden. Bemerkenswert ist dabei die Rolle der Phosphine als Steuerliganden.

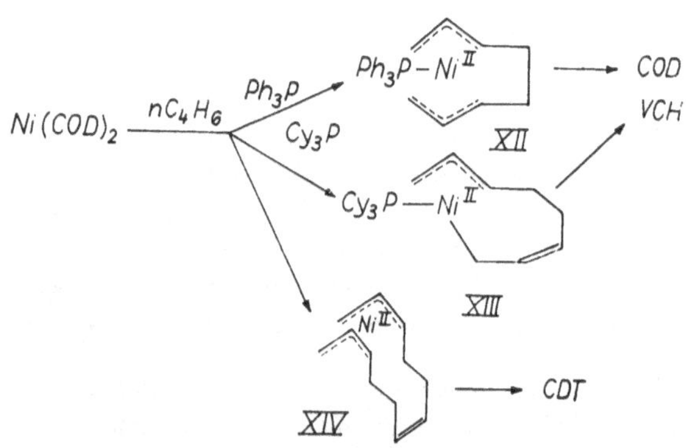

Aus den Komplexen XII, XIII oder XIV werden unter den Einfluß von überschüssigem Butadien COD, VCH oder CDT reduktiv eliminiert. Butadien zeigt damit das auch von anderen π-Akzeptorliganden bekannte Verhalten. Das rückgebildete nackte Nickel kann wieder die C—C-Kopplung initiieren und damit ist der Weg für einen katalytischen Prozeß offen.

Wenn Butadien mit CO_2 gekoppelt werden soll, dann reicht nacktes Nickel, auch bei Zusatz eines einfachen Phosphins nicht aus. Die Reaktion erfolgt dagegen sehr glatt in Gegenwart zweizähliger Stickstoffliganden wie dipy oder Me_4en.

Man kann die zu erwartenden Produkte abschätzen, wenn man das reagierende System vereinfacht und als Elektronenlieferant für das Butadien/Kohlendioxid-Gemisch eine Kathode verwendet. In Acetonitril mit $[NEt_4]Cl$ als Leitelektrolyt können an einer Quecksilberkathode sowohl Kohlendioxid als auch Butadien reduziert werden, das erstere bei einem etwas positiveren Potential [25]. Die Grenzströme sind jedoch niedrig. Sind Kohlendioxid und Butadien gleichzeitig, sowie Spuren Wasser zugegen, so entstehen neben Formiat die Verbindungen XVI, XVII und XVIII. Es wird angenommen, daß sich in einem ersten Schritt CO_2^- mit Butadien zum Radikalanion XV umsetzt. XV kann zu XVIII dimerisieren. Es kann aber auch eine weitere Reduktion zum Dianion erfolgen, das sich durch Protonenentzug aus dem Wasser (Reaktion *d*) oder, wenn das Wasser bestmöglich ausgeschlossen wird, durch Anlagerung von weiterem Kohlendioxid stabilisiert.

$$CO_2 \xrightarrow{+e} CO_2^{\cdot-}$$

$$CO_2^{\cdot-} + CH_2{=}CH{-}CH{=}CH_2 \rightarrow \overset{\cdot}{C}H_2{-}CH{-}CH{-}CH_2{-}COO^- \quad \text{XV}$$

$$\text{XV} \xrightarrow{+e,\ +H^+} CH_3{-}CH{=}CH{-}CH_2{-}COO^- \quad \text{XVI} \qquad d$$

$$\text{XV} \xrightarrow{+e,\ +CO_2} {}^-OOC{-}CH_2{-}CH{=}CH{-}CH_2{-}COO^- \quad \text{XVII}$$

$$\text{XV} \rightarrow \begin{array}{l} CH_2{-}CH{=}CH{-}CH_2{-}COO^- \\ | \\ CH_2{-}CH{=}CH{-}CH_2{-}COO^- \end{array}$$

XVIII (3 Isomere)

Zur Beurteilung des Prozesses muß noch gesagt werden, daß eine maximale Stromausbeute von 31% erreicht und keine Möglichkeiten genannt wurden, die einzelnen Kopplungsprodukte rein darzustellen.

Interessant ist nun die folgende Beobachtung: XV kommt nicht frei im Elektrolyten vor, sonst müßte das zugeführte Butadien polymerisieren. XV wird also an der Kathode, d.h. am Metall und damit in einer elektronenreichen Umgebung gebildet und reagiert auch dort wieder ab. Es ist also kein weiter Weg zu einer monometallischen elektronenreichen Species, wie sie in den Rümpfen (dipy)Ni oder $(Me_4en)Ni$ vorliegt, als Matrix der Kupplung von Butadienen und Kohlendioxid. Tatsächlich kann das zu XVI gehörige Dianion an diesen Rümpfen gebildet und fixiert werden [26]. Die damit verbundene Formierung eines π-Allylsystems ist dem natürlich besonders förderlich.

Die metallinduzierte Kopplung mit CO_2 bleibt nicht auf konjugierte Diene beschränkt. Sie gelingt auch mit Alkinen [27], ja sogar mit Ethylen, wenn auch sehr langsam [28].

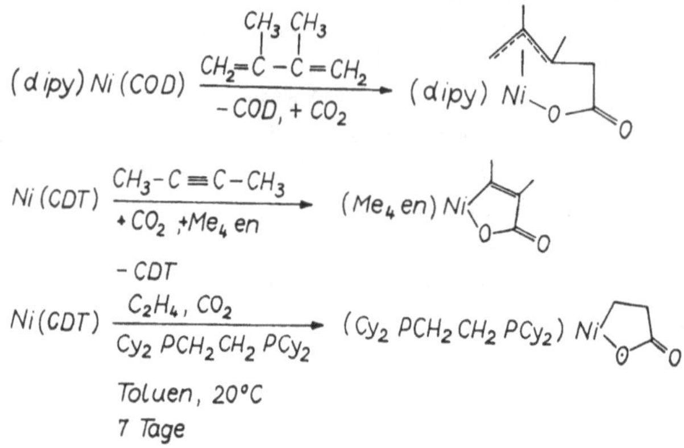

Ein interessantes Produkt entsteht mit Dicyclopentadien als Zweitkomponente [29]. Die Kopplung erfolgt regio- und stereoselektiv im Norbornenteil (Gl. *e*). In dem tief braunroten Komplex nehmen das Nickel und der Kohlenstoff der Carboxylatgruppe exo-Positionen ein. Die für den äußeren Fünfring gefundenen C–C-Bindungslängen sind mit 1,39 und 1,41 Å praktisch gleich. Das ist eher auf das Vorliegen gleicher Mengen isomerer Species als ein Hinweis auf eine π-Elektronendelokalisierung zu betrachten.

Zur präparativen Bewertung der durch Kopplung von Butadienen mit Kohlendioxid erhaltenen Nickelacyclen sei folgendes bemerkt: Man kann die Verbindungen

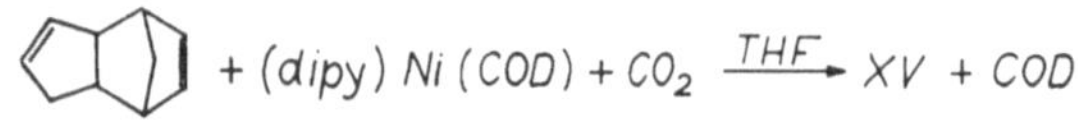

e

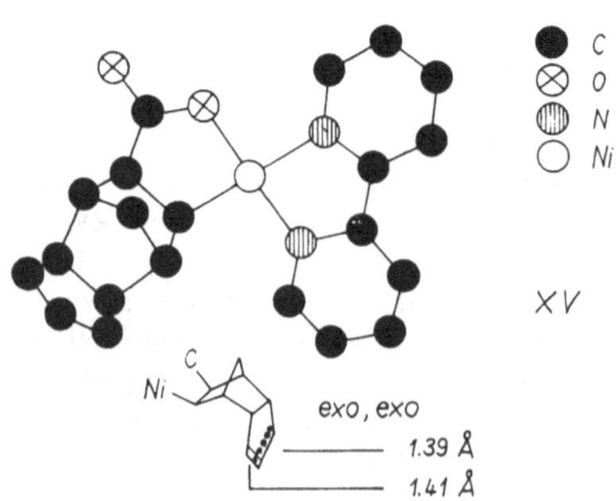

daraus herstellen, die durch reduktive Kopplung dieser Komponenten an der Quecksilberelektrode entstehen. Aber man kann die Bedingungen jetzt so wählen, das selektiv eine Verbindung erhalten wird.

Prinzipiell kann das organische Ringfragment mit Brönsted-Säuren, besonders gut ist Acetylaceton geeignet, abgelöst werden. Da Isopren sehr selektiv koppelt, bietet sich damit eine Synthese von 3-Methyl-penten-2-säure an.

Die Ablösung gelingt aber auch mit starken Akzeptorliganden, wie den Diazadienen-1,4 [30]. Formal gesehen wird Nickel(II) zu Nickel(0) reduziert. Der verbleibende organische Rest stabilisiert sich durch H-Verschiebung. Endprodukt ist eine Pentadien-1,3-säure bzw. ihr Methylderivat.

Das primäre Kopplungsprodukt kann bei etwas höherer Temperatur noch ein weiteres Mol CO_2 einschieben, und man erhält einen Nickel(II)-Komplex der bereits früher erwähnten Dihydromuconsäure [31].

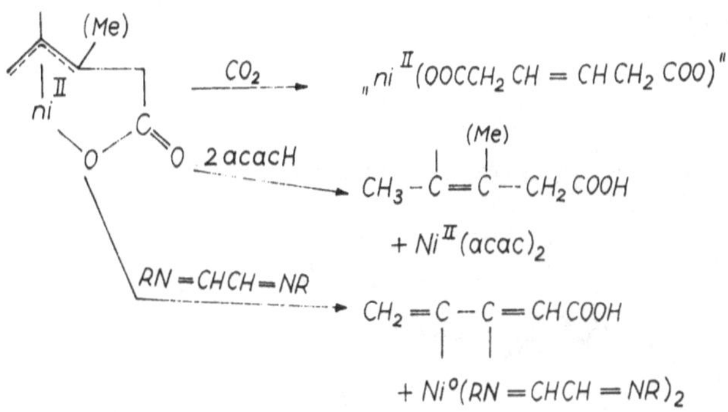

Bei der Beurteilung aller dieser neuartigen Kopplungsreaktionen mit CO_2 müssen wir eins berücksichtigen:

Ob man Mono- oder Diene oder Alkine anbietet, in der Mehrzahl der Fälle gelingt die Umsetzung nur stöchiometrisch. Wir kennen den Grund dafür: In ihrem Verlauf wird immer eine Ni–C–σ- oder eine Ni-π-Allylbindung geknüpft, aber eben auch eine Ni–O-Bindung. Unabdingbare Voraussetzung für einen katalytischen Prozeß ist eine glatte reduktive Eliminierung des im Kopplungsschritt geknüpften organischen Ringfragments. Im vorliegenden Fall wäre daher die Spaltung einer Ni–O-Bindung unumgänglich. Wie besonders Yamamoto [32] gezeigt hat, ist das möglich, aber nur in besonderen Fällen.

Pd–O-Bindungen sind labiler als Ni–O-Bindungen. Damit wachsen die Chancen für einen katalytischen Prozeß, der auf Kohlendioxid und ungesättigten organischen Substraten basiert. Tatsächlich wurde kürzlich die katalytische Synthese von δ-Lactonen auf diesem Wege beschrieben. Bei Einhaltung bestimmter Reaktionsbe-

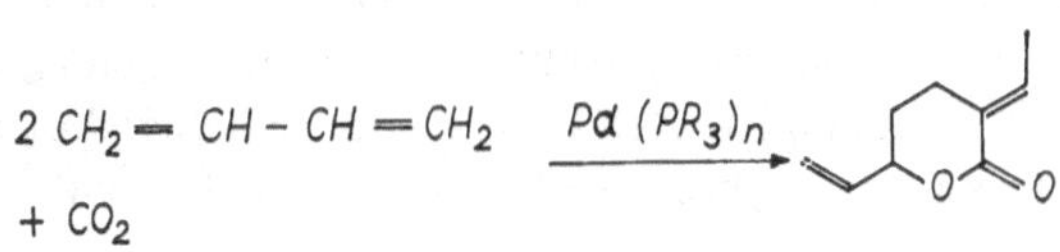

dingungen (Acetonitril, Phosphinsteuerung) kann dabei eine hohe Selektivität erreicht werden [33]. Offenbar sind die erhaltenen Produkte für die Parfümerie von einigem Interesse.

Eine Sonderstellung unter den C_1-Bausteinen nimmt das Kohlenmonoxid ein. Für die einfache Kopplung von CO-Molekülen, die mit Kalium als Elektronenlieferanten lange bekannt ist (Bildung von $[KCO_n]$), gibt es bisher in der Komplexchemie der Übergangsmetalle keinen Hinweis. In neuerer Zeit ist jedoch über alkylgestützte Kopplungen berichtet worden. Man benötigt dazu Komplexe der frühen d-Elemente oder der Actiniden, d.h. Systeme, in denen d- und f-Orbitale zwar vorhanden, aber nicht besetzt sind. Eine ungewöhnliche Reaktion aus der Chemie des Thoriums sei hier vorgestellt:

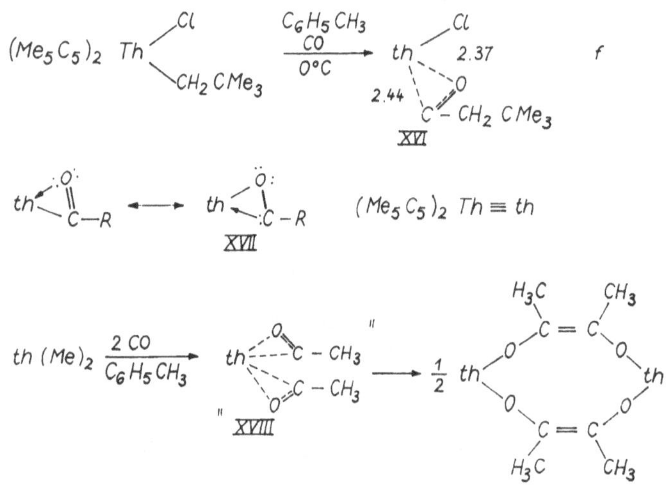

In die Th–C-Bindung kann CO eingeschoben werden (Reaktion *f*) [34]. Das ist nicht ungewöhnlich, wenn man etwa an die Zwischenstufen der cobalt- oder rhodiumkatalysierten Hydroformylierung denkt. Bemerkenswert ist aber die Koordinationsweise der Acylgruppe im Komplex XVI: Wegen der hohen Sauerstoffaffinität des Thoriums kommt zur Th–C- noch eine Th–O-Wechselwirkung. Die letztere ist dabei, wie die Bindungslängen zeigen, die stärkere. Man kann daher den Acylliganden auch als metallgestütztes, substituiertes Hydroxycarben (XVII) auffassen. Hydroxycarbene können unter C=C-Verknüpfung abreagieren. Das gelingt im Falle von XVI nicht, wohl aber bei dem sterisch weniger anspruchsvollen Diacetylkomplex XVIII [35]. Endprodukt ist ein binuklearer Komplex mit einem Endiolat-Brückenliganden.

XVI ist das Edukt einer Reaktion (*g*), die wohl niemand vorausahnen konnte und deren Aufklärung ohne Zugang zur Röntgenkristallstrukturanalyse nicht gelungen wäre. Sie führt zu einem binuklearen Komplex XIX mit einem Endionendiolat-Brückenligand [34, 36]. Es gibt zwingende experimentelle Hinweise dafür, daß in einem Zwischenschritt der substituierte Hydroxycarbenligand von XVI CO anlagert unter Bildung eines substituierten Hydroxyketenliganden (Reaktion *h*). Eine C=C-Verknüpfung führt dann zum kristallinen Endprodukt XIX.

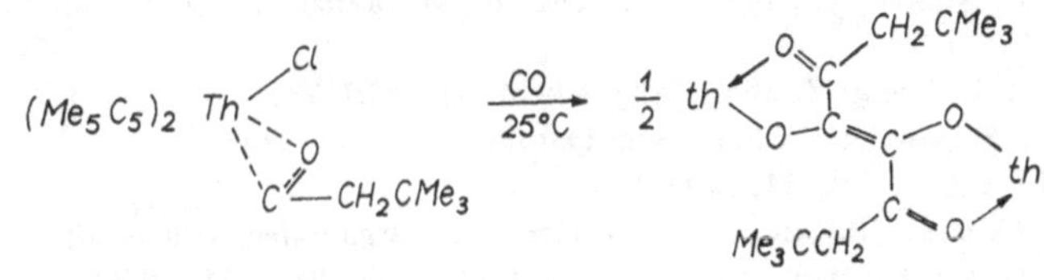

XIX g

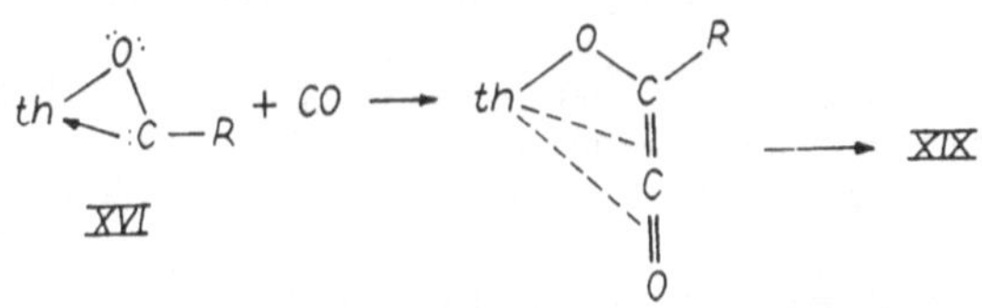

h

Zusammenfassend kann festgestellt werden:

- In den letzten Jahren sind mehrere Reaktionen gefunden worden, die auf der metallinduzierten Verknüpfung von C_1-Bausteinen (CO_2, CO, CS_2) untereinander oder mit einfachen organischen Species (Heteroolefine, Mono- und Diene, Alkine) beruhen.
- Als induzierende Reagenzien haben sich im Falle von CO_2 elektronenreiche Komplexe der Elemente der 8. Nebengruppe bewährt, wenn durch Steuerliganden eine bestimmte Elektronendichte eingestellt wird. Die alkylgestützte Verknüpfung von CO-Molekülen gelingt u.a. mit bestimmten Thoriumkomplexen.
- Die Reaktionen verlaufen vorzugsweise stöchiometrisch; es sind aber erste Beispiele für katalytische Vorgänge bekannt geworden.
- Die metallinduzierte Kopplung unter Beteiligung von C_1-Bausteinen stellt eines der Frontprobleme der Metallorgano- und Koordinationschemie dar.

Literatur

[1] R. Mason u. A. Rae: J. Chem. Soc. A 1970, 1767.
[2] I. Lisy, E. Dobrzynski, R. Anglici u. J. Clardy: J. Amer. Chem. Soc. **97** (1975) 656.
[3] L. Sacconi, C. Bianchini, A. Meli u. A. Orlandini: Inorg. Chim. Acta **35**, L 375 (1979).
[4] G. Gervasio, R. Rossetti, P. Stanghellini u. G. Bor: Inorg. Chem. **21**, 3781 (1982).
[5] C. Mealli, R. Hoffmann u. A. Stockis: Inorg. Chem. **29**, 56 (1984).
[6] S. Sakaki, K. Kitaura u. K. Morokuma: Inorg. Chem. **21**, 760 (1982).
[7] I. Rabalais, J. McDonald, V. Scherr u. S. McGlynn: Chem. Rev. **71**, 78 (1971).
[8] P. Vergamini u. P. Eller: Inorg. Chim. Acta **34** L 291.

[9] C. Beanchini, C. Ghilardi, A. Meli, S. Midollini u. A. Orlandini: J. Chem. Soc. Chem. Commun. 1983, 753.
[10] G. Fachinetti, C. Floriani u. P. Zanazzi: J. Amer. Chem. Soc. **100**, 7405 (1978).
[11] G. Bristow, P. Hitchcock u. M. Lappert: J. Chem. Soc. Chem. Commun. 1981, 1145.
[12] M. Aresta, C. Nobile, V. Albano, E. Forni u. M. Manassero: J. Chem. Soc. Chem. Commun. 1975, 636.
[13] W. Poppitz u. E. Uhlig: Z. anorg. allg. Chem. **489**, 67 (1982).
[14] M. Aresta u. F. Nobile: J. Chem. Soc. Dalton Trans 1977, 708.
[15] J. Ibers: Chem. Soc. Rev. **11**, 57 (1982).
[16] H. Werner, O. Kolb, R. Feser u. U. Schubert: J. Organomet. Chem. **191**, 283 (1980).
[17] T. Herskovitz u. I. Guggenberger: J. Amer. Chem. Soc. **98**, 1615 (1976).
[18] E. Dinjus, I. Gorski, H. Matschiner, E. Uhlig u. D. Walther: Z. anorg. allg. Chem. **436**, 39 (1977).
[19] H. Hoberg, V. Goetz, C. Krüger u. Y. Tsay: J. Organomet. Chem. **169**, 209 (1979).
[20] D. Walther, V. Herzog u. E. Dinjus: Z. Chem. **24**, 260 (1984).
[21] J. Kaiser, J. Sieler, U. Braun, L. Golic, E. Dinjus u. D. Walther: J. Organomet. Chem. **224**, 81 (1982).
[22] D. Walther u. E. Dinjus: Z. anorg. allg. Chem. **440**, 22 (1978).
[23] P. Jolly u. G. Wilke: The Organic Chemistry of Nickel, Vol. 2, Academic Press, New York.
[24] C. Graham u. L. Stephenson: J. Amer. Chem. Soc. **99**, 7098 (1977).
[25] W. van Tilborg u. C. Smit: Rec. Trav. Chim. Pays-Bas **100**, 437 (1981).
[26] D. Walther, E. Dinjus, J. Sieler, N. N. Thanh, W. Schade u. J. Leban: Z. Naturforsch. B **38**, 835 (1983).
[27] G. Burkhart u. H. Hoberg: Angew. Chem. **94**, 75 (1982).
[28] H. Hoberg u. D. Schaefer: J. Organomet. Chem. **236**, C28 (1982).
[29] D. Walther, E. Dinjus, J. Sieler, L. Andersen u. O. Lindqvist: J. Organomet. Chem. **276**, 99 (1984).
[30] D. Walther, E. Dinjus, H. Görls, J. Sieler, O. Lindqvist u. L. Andersen: J. Organomet. Chem. **286**, 103 (1985).
[31] H. Hoberg u. B. Apotecher: J. Organomet. Chem. **270**, C 15 (1984).
[32] K. Sano, T. Yamamoto u. A. Yamamoto: Chem. Letters 1983, 115.
[33] A. Behr u. K. Juszak: J. Organomet. Chem. **255**, 263 (1983).
[34] T. Marks, P. Fagan, I. Manriquez, V. Day, S. Vollmer u. S. Day: J. Amer. Chem. Soc. **102**, 5393 (1980).
[35] T. Marks, P. Fagan, J. Manriquez, S. Day u. V. Day: J. Amer. Chem. Soc. **100**, 7112 (1978).
[36] T. Marks, K. Moloy u. V. Day: J. Amer. Chem. Soc. **105**, 5697 (1983).
[37] D. Tyssee, J. Wagenknecht, M. Baiser u. J. Chruma: Tetrahedron Letters 1972, 4809.
[38] P. Jeroschewski: Z. Chem. **18**, 27 (1978).
[39] T. Tsou u. J. Kochi: J. Amer. Chem. Soc. **101**, 6319 (1979).

Friedrich Wolf und Waltrud Hager

Zur Modifizierung von Trägern durch Abscheidung von Kohlenstoff aus der Gasphase

1. Einführung

Die Hohlraumstruktur von Kohlenstoffadsorbenzien wird stark von den zu ihrer Herstellung eingesetzten Ausgangsmaterialien sowie den Herstellungs- bzw. Aktivierungsbedingungen beeinflußt [1]. In Abhängigkeit davon bilden sich unterschiedliche Formen von Poren aus. Die Verteilung der Porengrößen kann eng sein (2 bis 5 nm) oder sich über einen weiten Bereich erstrecken (2 bis einige 1000 nm) [2]. Infolge der sehr unterschiedlichen Zellstrukturen ist es schwierig, die Bildung der Hohlraumstruktur gezielt zu beeinflussen.

Zur Herstellung von Kohlenstoffadsorbenzien wurde in den letzten Jahren den synthetischen organischen Polymeren besondere Aufmerksamkeit geschenkt. Kohlen, die durch thermische oder chemische Zersetzung von organischen Polymeren entstanden sind, besitzen aufgrund der definierten Struktur der Ausgangsmaterialien gleichförmigere Poren als aus natürlichen Materialien hergestellte Aktivkohlen. Auch bei den auf diesem Wege gebildeten Kohlen hängt die Porenstruktur sehr stark vom jeweiligen Ausgangsprodukt, insbesondere von dessen Polymerisationsgrad und Reinheit sowie vom Preßdruck und der Temperatur bei der Tablettierung des Polymeren, und von den Herstellungsbedingungen (Geschwindigkeit, Dauer und Temperatur der Pyrolyse, Art der thermischen oder chemischen Nachbehandlung) ab. Um Aktivkohlen mit annähernd einheitlicher Porenstruktur zu erhalten, ist deshalb eine Reihe von Verfahrensstufen notwendig, wobei jede Stufe eine exakte Kontrolle und Einhaltung der Reaktionsparameter erfordert. Bei der Pyrolyse von Polymeren entstehen häufig teerartige Zwischenprodukte, die zu unregelmäßig gestalteten Poren und zur Verstopfung derselben führen können, wodurch die Kontrolle und Einhaltung definierter Porengrößen erschwert wird. Die bei den bisher bekannten Herstellungsverfahren auftretenden Erfordernisse bei der Erzeugung eines definierten Porengefüges der kohlenstoffhaltigen Adsorbenzien ließen sich umgehen, wenn es gelingen würde, ein Kohlenstoffgerüst über ein anorganisches Grundgerüst mit einheitlicher, definierter Hohlraumstruktur (z.B. Zeolithgerüst) zu überlagern. Dadurch ergäbe sich gleichzeitig eine Möglichkeit, durch Kombination der selektiven Adsorptionseigenschaften der Zeolithe mit denen eines Kohlenstoffadsorbens kohlenstoffhaltige Adsorbenzien mit neuartigen Eigenschaften herzustellen.

Wir versuchten, kohlenstoffhaltige Adsorbenzien mit anorganischer Matrix durch Modifizierung von anorganischem Trägermaterial, insbesondere von Zeolithen der

Typen A, X, Y und Mordenit, von natürlichen und synthetischen Silikaten (Kieselguren und Kieselgele), von Tonmineralen (Kaolinit und Montmorillonit) und Kohlenstoffadsorbenzien (Aktivkohlen) durch Kohlenstoffabscheidung aus der Gasphase über das BOUDOUARD-Gleichgewicht zu erzeugen. Die Kohlenstoffabscheidung ist hinsichtlich Struktur und Morphologie des abgeschiedenen Kohlenstoffs abhängig von den genannten Trägermaterialien sowie von den Versuchsbedingungen. Ferner interessierten die Adsorptionseigenschaften der hergestellten kohlenstoffhaltigen Adsorbenzien, sowie der Einfluß des abgeschiedenen Kohlenstoffes auf das Adsorptionsverhalten der eingesetzten Trägermaterialien, insbesondere bei zeolithischer Matrix.

2. *Experimentelles*

2.1. Eingesetzte Trägermaterialien

Folgende Ausgangsmaterialien kamen für die Kohlenstoffabscheidung zum Einsatz:

(a) *Handelsübliche technische Zeolithe des VEB Chemisches Kombinat Bitterfeld* [3]

- 4A (Zeolith vom Typ A in der reinen Natriumionenform; effektiver Porendurchmesser 0,4 nm)
- 13X (Zeolith vom Typ X in der reinen Natriumionenform; effektiver Porendurchmesser ~0,75 nm)
- Y (Zeolith vom Typ Y in der reinen Natriumionenform; effektiver Porendurchmesser ~0,75 nm)
- Mordenit (in der Natriumionenform; effektiver Porendurchmesser 0,4 nm; engporig)

(b) *Silikate (natürlich und synthetisch)*

- Kieselguren aus den Vorkommen Unterluss (BRD) bzw. Coswig (DDR) [4, 6]
- Kieselgele: Typ A (mittlerer Porendurchmesser 2 bis 3 nm; innere Oberfläche etwa 600 bis 800 $m^2 \cdot g^{-1}$)
  Typ B (weitporig; innere Oberfläche 200 bis 400 $m^2 \cdot g^{-1}$)

(c) *Tonminerale* [6]

- Kaolinit (Vorkommen: Zedlitz (DDR))
- Montmorillonit (Vorkommen: VR Ungarn)

(d) *Handelsübliche Aktivkohlen des VEB Kunstfaserwerk „Friedrich Engels" Premnitz*

- B 23
- R 23

2.2. Vorbehandlung der Trägermaterialien für die Kohlenstoffabscheidung

Die Kohlenstoffabscheidung aus der Gasphase erfolgte durch Pyrolyse von Kohlenmonoxid über das BOUDOUARD-Gleichgewicht [7, 8].

Die Reaktionsgeschwindigkeit der CO-Disproportionierung ist sehr gering. Es ist deshalb unbedingt die Anwesenheit eines Katalysators notwendig. Aus der Literatur [9–12] ist der katalytische Einfluß der Schwermetalle Eisen, Cobalt und Nickel sowie anderer Übergangsmetalle bekannt. Vor dem Einsatz zur Kohlenstoffabscheidung erwies sich die Schwermetallmodifizierung der Trägermaterialien (siehe 2.1.) als unerläßlich, die in Abhängigkeit von der Natur des entsprechenden Trägermaterials nach unterschiedlichen Methoden durchgeführt wurde:

(a) Schwermetallionenaustausch [5, 13, 14]
(b) Imprägnierung mit Schwermetallsalzlösungen
(c) Bepuderung mit Eisen(III)-oxid-Staub

Bei Trägermaterialien ohne Kationenaustauschvermögen wurde die Modifizierungsmethode (c) herangezogen, wobei das Schwermetall, insbesondere Eisen, in unterschiedlichen Mengen in Form von Fe_2O_3-Puder auf die Proben aufgebracht wurde [5]. Diese Methode hatte gegenüber der Salzimprägnierung den Vorteil, daß das Schwermetall sofort in oxidischer Form vorliegt.

2.3. Durchführung der Kohlenstoffabscheidung

Die Kohlenstoffabscheidung erfolgte in einer speziellen Versuchsapparatur [5], deren Hauptteil in einem beheizbaren Strömungsrohr mit Anströmboden (Frittenboden) bestand.

Die Schwermetall-/Schwermetallionenkonzentrationen waren abhängig vom eingesetzten Trägermaterial und variierten von 0 bis etwa 24 Ma.-%. Die untersuchte Reaktionszeit lag zwischen 0,1 und 7 Stunden. Der Sättigungswert der Kohlenstoffbeladung hatte sich bei allen Proben nach 7 h eingestellt. Die Reaktionstemperatur betrug entweder 400 °C, 450 °C oder 500 °C, da in diesem Bereich das Optimum für die Kohlenstoffabscheidung über das BOUDOUARD-Gleichgewicht liegt [7]. Die Strömungsgeschwindigkeit des CO-Gases lag zwischen 5000 und 15000 l/l · h. Die auf den Trägermaterialien abgeschiedenen Kohlenstoffmengen wurden gravimetrisch und elementaranalytisch bestimmt [5].

3. Ergebnisse und Diskussion

3.1. Ergebnisse der Kohlenstoffabscheidung

3.1.1. Abhängigkeit der Kohlenstoffabscheidung vom Trägermaterial

Von Seiten des Trägermaterials sind vor allem dessen Struktureigenschaften, insbesondere seine Porosität und Oberfläche, sowie die bevorzugten Positionen, die für das aufgebrachte Schwermetall/Schwermetallion angeboten werden, von Bedeutung.

In Abb. 1 ist die nach verschiedenen Reaktionszeiten (0,5 bis 7 h) erreichte Kohlenstoffbeladung auf den eingesetzten Trägermaterialien, jeweils beladen mit etwa 2,6 Ma.-% Nickel/Nickelion, dargestellt.

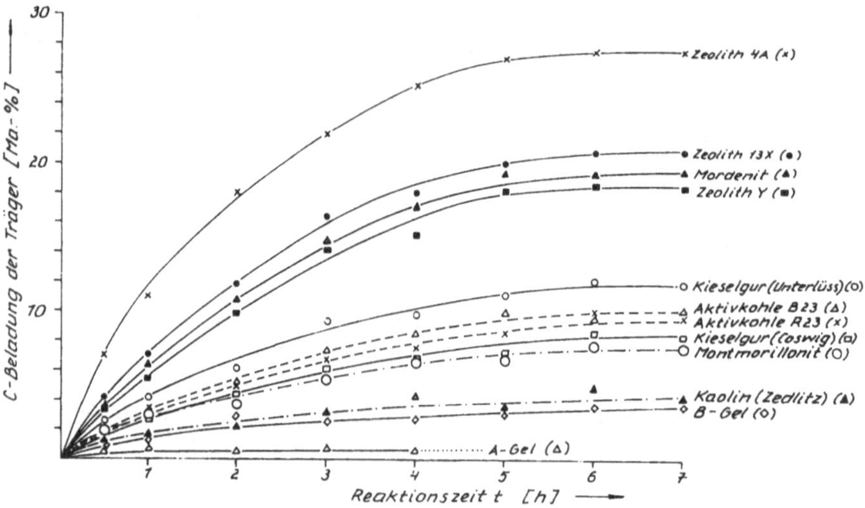

Abb. 1 Abhängigkeit der Kohlenstoffabscheidung von der Reaktionszeit auf verschiedenen Trägermaterialien mit vergleichbarer Ni^-/Ni^{2+}-Beladung (~2,6 Ma.-%). (Reaktionstemperatur: 450°C; CO-Durchsatz: 1 500 l/l · h)

(a) Kohlenstoffabscheidung auf Zeolithen

Abb. 1 zeigt, daß sich die Zeolithe von den untersuchten Trägermaterialien als am besten zur Kohlenstoffabscheidung eignen, wobei Zeolith Typ A eine Vorzugsstellung einnimmt, während die Kohlenstoffbeladungen auf Zeolithen der Typen X, Y bzw. Mordenit in etwa der gleichen Größenordnung liegen. Auf Zeolith Typ A, beladen mit 5,2 Ma.-% Nickelionen (entspricht einem Ni^{2+}-Ionenaustauschgrad von etwa 29%), konnte die höchste Kohlenstoffabscheidung überhaupt errreicht werden (55,1 Ma.-%). Eine weitere Steigerung der Kohlenstoffabscheidung auf Zeolith Typ A ist nicht möglich, da der Ni^{2+}-Ionenaustausch infolge des bei höheren Ionenaustauschgraden einsetzenden Strukturzusammenbruches des Zeoliths A einer Begrenzung unterliegt.
Die Poreneingänge der von uns untersuchten Zeolithtypen sind auch in der entsprechenden schwermetallionenausgetauschten Form bis auf wenige Ausnahmen (z.B. Fe^{3+}-Mordenit) genügend groß, um den Zugang des Kohlenmonoxids zu gestatten. Die eingetauschten Schwermetallionen befinden sich im zeolithischen Hohlraumsystem auf definierten Positionen im Zeolithgitter [2], so daß für die CO-Pyrolyse bzw. Kohlenstoffabscheidung auch die Zeolithhohlräume zur Verfügung stehen.

(b) Kohlenstoffabscheidung auf Silikaten

Wie Abb. 1 verdeutlicht, ist bei der betrachteten Schwermetallbeladung (2,6 Ma.-%), speziell mit Nickel, aufgebracht als $NiCl_2$, auf den untersuchten Kieselguren etwa die Hälfte der bei den Zeolithen mit einer Ni^{2+}-Ionenbeladung von 2,6 Ma.-% erzielten Kohlenstoffbeladung möglich, wobei sich die Kieselgur aus dem Unterlüsser Vorkommen aufgrund eines höheren Reinheitsgrades und einer intakten Diatomeengestalt [4, 5] als aktiver im Vergleich zur einheimischen Gur erweist. Die im Vergleich zu den zeolithischen Trägermaterialien verringerte Wirksamkeit der Kieselguren bezüglich der Kohlenstoffabscheidung hängt unter anderem damit zusammen, daß das Schwermetall beim Aufbringen auf den Träger durch Tränkung bzw. Bepuderung vermutlich in weniger günstiger Verteilung vorliegt als beim Ionenaustausch auf bestimmten, regelmäßig verteilten Kationenpositionen.

Auf Kieselgelen werden im Vergleich zu den anderen Trägermaterialien mit vergleichbarem Schwermetall/Schwermetallionengehalt die geringsten Kohlenstoffbeladungen erhalten. Nur B-Gel weist aufgrund seines Makroporenanteiles noch eine gewisse Eignung für die Kohlenabscheidung auf, da beim A-Gel infolge seines kleinen mittleren Porenradius die große innere Oberfläche für die Schwermetallmodifizierung nicht zugänglich ist und damit für die Kohlenstoffabscheidung nicht wirksam werden kann.

(c) Kohlenstoffabscheidung auf Tonmineralen

Abb. 1 zeigt, daß die Kohlenstoffabscheidung auf dem von uns untersuchten Kaolin im Bereich derjenigen von Kieselgel B liegt, was darauf zurückzuführen ist, daß bei den Kaoliniten das Ionenaustauschvermögen und somit auch die katalytische Wirksamkeit der Schwermetallionen für die Kohlenstoffabscheidung auf die Basisflächen beschränkt bleibt [5].

Montmorillonit besitzt im Vergleich zum Kaolinit bei der betrachteten Ni^{2+}-Beladung von 2,6 Ma.-% etwa die doppelte Wirksamkeit bezüglich der Kohlenstoffabscheidung, da beim Montmorillonit im Gegensatz zum Kaolinit das gesamte Gitter am Kationenaustausch teilnimmt und deshalb ein größerer Bereich für die Kohlenstoffabscheidung katalytisch wirksam wird [5].

(d) Kohlenstoffabscheidung auf Aktivkohlen

Abb. 1 zeigt, daß sich die beiden untersuchten Aktivkohlen B 23 und R 23 hinsichtlich ihrer Eignung zur Kohlenstoffabscheidung kaum unterscheiden und im Bereich der beiden eingesetzten Kieselgurtypen liegen. Auf schwermetallmodifizierten Aktivkohlen kann folglich über das Boudouard-Gleichgewicht zusätzlich Kohlenstoff abgeschieden werden. Da jedoch der Schwermetallionenaustausch infolge des an die Anwesenheit saurer Oberflächengruppen gebundenen geringen Kationenaustauschvermögens der Aktivkohlen nur begrenzt durchführbar ist [5], sind auch der Kohlenstoffabscheidung über das Boudouard-Gleichgewicht Schranken auferlegt.

3.1.2. Abhängigkeit der Kohlenstoffabscheidung vom Schwermetallkatalysator

Für die Kohlenstoffabscheidung sind die Art des Schwermetalls/Schwermetallions, dessen Beladungsgrad auf dem Trägermaterial sowie die Modifizierungsmethode, mittels der das Schwermetall auf den Träger aufgebracht wurde, von Bedeutung. Wie wir feststellten, hängt es vor allem vom Trägermaterial bzw. damit zusammenhängend, von der entsprechenden Schwermetallmodifizierungsmethode ab, welches der drei untersuchten Schwermetalle (Fe, Co oder Ni) am wirksamsten für die Kohlenstoffabscheidung ist. Bei allen durch Schwermetallionenaustausch modifizierten Trägermaterialien (Zeolithe, Kaolinit, Montmorillonit, Aktivkohlen) ließ sich bei jeweils gleicher Schwermetallionenbeladung, unabhängig vom Schwermetallionenbeladungsgrad, stets folgende Rangfolge für die Aktivität der Schwermetallionen bezüglich der Kohlenstoffabscheidung aufstellen:

$$Fe^{3+} < Co^{2+} < Ni^{2+}$$

Bei durch Schwermetallchloridimprägnierung modifizierten Trägern (Kieselguren) ergab sich bei jeweils gleichen Schwermetallbeladungsgraden folgende Aktivitätsrangfolge für die in der Chloridform aufgebrachten Schwermetalle bezüglich der Kohlenstoffabscheidung:

$$Ni < Co < Fe,$$

d.h. eine im Vergleich zur Modifizierung durch Schwermetallionenaustausch umgekehrte Sequenz.

Daneben spielt der Schwermetall-/Schwermetallionenbeladungsgrad des Trägers eine wichtige Rolle bei der Kohlenstoffabscheidung, und zwar sowohl hinsichtlich der Menge als auch der Dispersität des abgeschiedenen Kohlenstoffes. Eine lineare Abhängigkeit der erreichbaren Kohlenstoffendbeladung vom Schwermetall-/Schwermetallionenbeladungsgrad liegt nur bis zu Beladungen von 2,5 bis 3 Ma.-% vor, wie am Beispiel von Abb. 2 für die Beladung der Träger mit Nickel/Nickelionen gezeigt wird. Die bei höheren Beladungsgraden (>3 Ma.-%) auftretenden nichtlinearen Kurvenabschnitte könnten bei Zeolithen beispielsweise durch Zurückdrängung des Einflusses des zeolithischen Trägers, bei Kieselguren durch Komplikationen aufgrund der Schwermetallmodifizierungsmethode hinsichtlich einer erschwerten Reproduzierbarkeit der Kohlenstoffabscheidung, verbunden mit dem Absublimieren eines Teils der Schwermetallsalze [5] erklärt werden.

Der Einfluß der auf dem Trägermaterial vorhandenen Schwermetallionenmenge auf die Dispersität des abgeschiedenen Kohlenstoffes, insbesondere auf zeolithischem Material, soll anhand eines Beispiels demonstriert werden. Wir verglichen zwei kohlenstoffhaltige Zeolithproben des Typs A mit nahezu gleichen Kohlenstoffbeladungen (27,1 Ma.-%), jedoch unterschiedlichen Nickelionenbeladungen (2,6 Ma.-% (Probe 1) bzw. 5,2 Ma.-% (Probe 2) miteinander. Die durch Röntgenstruktur- bzw. Adsorptionsuntersuchungen an diesen beiden kohlenstoffhaltigen Zeolithen gewonnenen Ergebnisse sind in Tab. 1 zusammengestellt.

Bei höherer Nickelionenbeladung des Zeoliths A wird der Kohlenstoff in weniger disperser Form abgeschieden, da die Ni^{2+}-Ionen als katalytisch wirksame Zentren der Kohlenstoffabscheidung in dichterer Verteilung vorliegen, während der auf dem Zeolith Typ A mit geringerer Nickelionenbeladung abgeschiedene Kohlenstoff eine

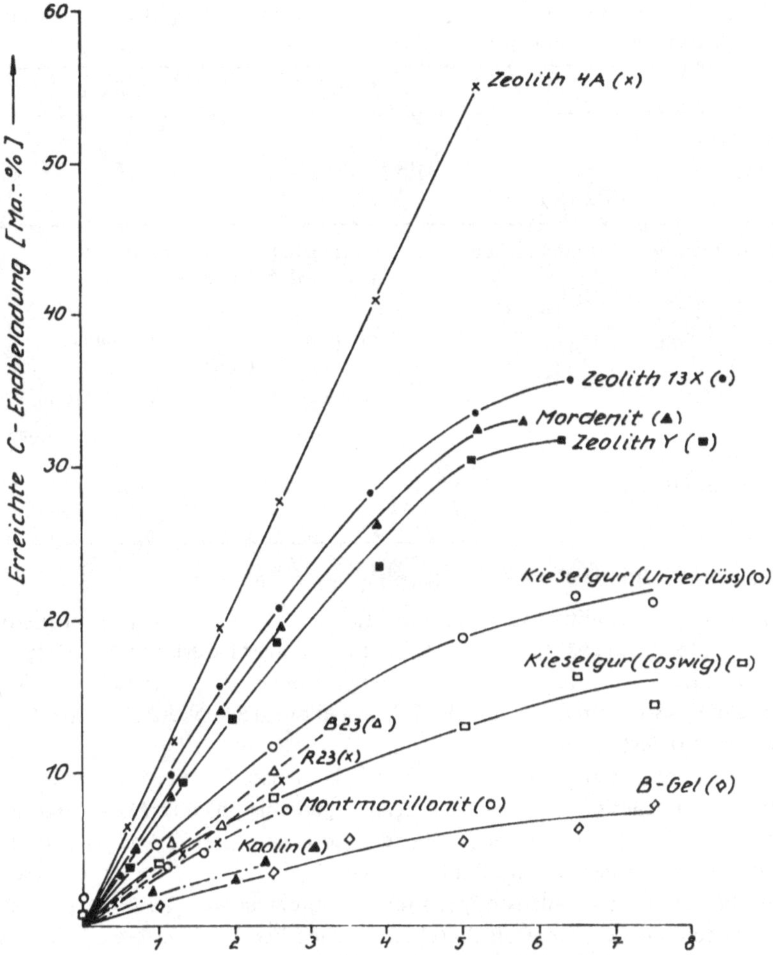

Abb. 2 Abhängigkeit der durch Kohlenstoffabscheidung nach 7 h erreichten C-Endbeladung auf verschiedenen Trägermaterialien von deren Ni-/Ni^{2+}-Beladung. (Reaktionstemperatur: 450 °C; CO-Durchsatz: 1 500 l/l · h)

höhere Dispersität aufweist, erkennbar an den breiteren graphitischen Röntgeninterferenzlinien, sowie an einer durch den Wert des Methylenblautiters ausgedrückten höheren Adsorptionskapazität. Durch das lockere Gefüge des auf Probe 1 befindlichen Kohlenstoffs kommt der Einfluß der zeolithischen Unterlage noch stärker zur Geltung, während bei Probe 2 der Trägereinfluß infolge der höheren Kompaktizität des abgeschiedenen Kohlenstoffs bereits stärker zurückgedrängt wird. So weist Probe 2 bereits eine größere zeolithuntypische Hydrophobie auf (Tab. 1).

Tabelle 1 Vergleich zweier kohlenstoffhaltiger Zeolithe vom Typ A mit gleichen C-Gehalten, aber unterschiedlichen Ni^{2+}-Beladungen

	Probe 1	Probe 2
Ni^{2+}-Ionenaustauschgrad (%)	14,8	29
Ni^{2+}-Beladung (Ma.-%)	2,6	5,2
C-Beladung (Ma.-%)	27,1	27,1
Ergebnis der Röntgenstrukturuntersuchung	Graphitischer Kohlenstoffpeak bei $2\theta = 27°$ bzw. $46°$ von	
	breiterer	schmalerer
	Gestalt	
	Kohlenstoff	Kohlenstoff
	disperser	weniger dispers
Methylenblautiter	15,1	14,2
H_2O-Dampf-Adsorption (%) (bei $p/p_s = 0{,}1$)	7,2	6,4

3.2. Röntgenstrukturuntersuchungen

Um Aussagen über Modifikation und Struktur des abgeschiedenen Kohlenstoffs zu erhalten, wurden ausgewählte kohlenstoffhaltige Trägermaterialien im Vergleich zu den entsprechenden kohlenstofffreien Analoga röntgengoniometrisch (Vertikalgoniometer, Cu-Kα-Strahlung) untersucht [5], wobei am Beispiel der Zeolithe A und X folgende Tendenz feststellbar war:

Die röntgenographischen Untersuchungen an kohlenstoffhaltigen Zeolithen der Typen A bzw. X mit geringen Kohlenstoffbeladungen (bis etwa 12 Ma.-% Kohlenstoff) zeigen gegenüber denen der entsprechenden kohlenstofffreien Analoga nur eine geringfügige Dämpfung der für die Zeolithe vom Typ A bzw. X typischen Reflexintensitäten. Bei höheren Kohlenstoffgehalten der untersuchten Zeolithe (ab etwa 15 Ma.-% C) sind diesen gedämpften charakteristischen Zeolith-Interferenzlinien zwei neu auftretende Interferenzen bei $2\theta = 27°$ sowie bei $2\theta = 46°$ überlagert. Diese beiden Interferenzen sind charakteristisch für kristallinen (graphitischen) Kohlenstoff. Bei weiterer Erhöhung des Kohlenstoffgehaltes der Zeolithe (über 20 Ma.-% C) prägen sich diese graphitischen Beugungsreflexe weiter aus, bis sie schließlich bei Kohlenstoffgehalten über 30 Ma.-% die zeolithischen Interferenzlinien völlig überdecken. Die röntgenographische Feststellung der graphitischen Natur des über das Boudouard-Gleichgewicht abgeschiedenen Kohlenstoffs steht in Übereinstimmung mit den Ergebnissen von Ruff u.a. [15], die die Entstehung von graphitischem Kohlenstoff durch CO-Pyrolyse darauf zurückführten, daß die Atome durch die Abscheidung aus der Gasphase eine Ordnungsmöglichkeit erhalten, sowie mit der von Hofmann u.a. [16, 17] gewonnenen Erkenntnis, daß Kohlenstoff stets in graphitischer Form vorkommt und nur hinsichtlich der Größe und der verschieden dichten Lagerung der Graphitkristalle Unterschiede aufweist.

Die von uns festgestellte deutliche Breite des den graphitischen Anteil nachweisenden Röntgenpeaks läßt auf eine hohe Dispersität und damit Reaktivität des abgeschiedenen Kohlenstoffs schließen, die bei niedrigerer Schwermetallionenbeladung der Zeolithe noch deutlicher zutage tritt und durch Temperatur und/oder Drucknachbehandlung der kohlenstoffhaltigen Zeolithe [15] vermindert werden kann. Unter dem Einfluß von Temperatur (Behandlung bei 600 °C unter Inertgasatmosphäre im kontinuierlichen N_2-Strom) und Druck (Verpressen mit hydraulischer Tablettenpresse bei 196.13 MP) lagern sich die dispersen kristallinen Kohlenstoffteilchen zu kompakteren Anordnungen zusammen, wodurch der Kohlenstoff an Reaktivität einbüßt.

Der Kohlenstoff wird über das Boudouard-Gleichgewicht auf anderen Trägermaterialien als Zeolithen in weniger disperser Form abgeschieden, vermutlich weil bei Zeolithen das in der Ionenform vorliegende katalytisch wirksame Schwermetall in günstiger, regulär verteilter Form vorliegt.

3.3. Elektronenmikroskopische Untersuchungen

Abb. 3 zeigt eine transmissionsmikroskopische Aufnahme am gering kohlenstoffhaltigen Zeolith A (Ni^{2+}-Gehalt: 5,2 Ma.-%; C-Gehalt: 2,3 Ma.-%) bei 16000facher Vergrößerung, auf der ein von einem dünnen filzartigen Mantel umhüllter Zeolithkristallit erkennbar ist. Es liegt die Vermutung nahe, daß es sich dabei um eine den Kristallit umgebende dünne Kohlenstoffschicht handelt. Abb. 4a zeigt eine Aufnahme

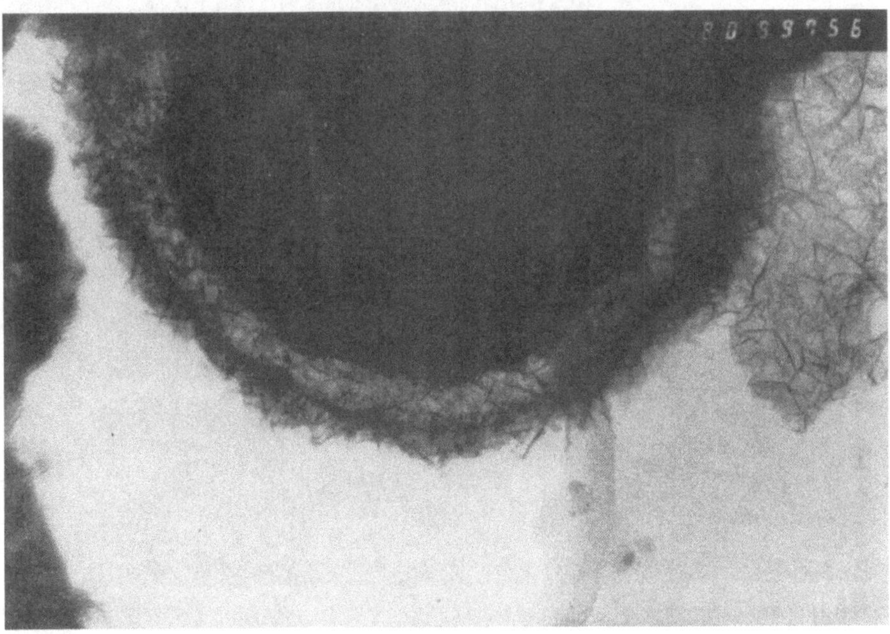

Abb. 3 Transmissionsmikroskopische Aufnahme an gering kohlenstoffhaltigen Zeolith Typ A (Ni^{2+}-Gehalt: 5,2 Ma.-%; C-Beladung: 2,3 Ma.-%) Vergrößerung: 16000fach

des gleichen Ni^{2+}-Zeoliths vom Typ A nach Beladung mit 55,1 Ma.-% Kohlenstoff bei 8000facher Vergrößerung. Auch hier ist zu erkennen, daß die Zeolithpartikel von einer „lockeren“ Wolke umgeben sind, die in Übereinstimmung mit der höheren Kohlenstoffbeladung, in diesem Falle im Vergleich zu Abb. 3 eine wesentlich größere Ausdehnung besitzt und beim kohlenstofffreien Zeolith nicht vorhanden ist. Nach unserer Auffassung handelt es sich hierbei um graphitische Bänderstrukturen, deren starke Verfilzung auf Whiskerbildung schließen läßt. Zur Untermauerung dieser Annahme wurde eine millionenfach vergrößerte, transmissionsmikroskopische Aufnahme der beobachteten Bänderstruktur angefertigt (Abb. 4c). Bei dieser starken Vergrößerung sind nur noch zwei sich kreuzende Bänder sowie die darin befindlichen Netzebenen zu erkennen. Aus Abb. 4c läßt sich der Netzebenenabstand dieser sichtbaren Ebenen (111) zu 0,34 nm ermitteln, wodurch die Annahme gestützt wird, daß die beobachteten Bänderstrukturen graphitischer Natur sind, da der Basalebenenabstand zwischen den Kohlenstoffsechsringebenen nach [18] im Graphitkristall 0,3354 nm beträgt. Unsere Feststellung, daß der über das BOUDOUARD-Gleichgewicht abgeschiedene Kohlenstoff whiskerförmig wächst, deckt sich mit der in [19, 20] gewonnenen Erkenntnis, daß die Bildung von Kohlenstoffwhiskern bei der Kohlenstoffabscheidung

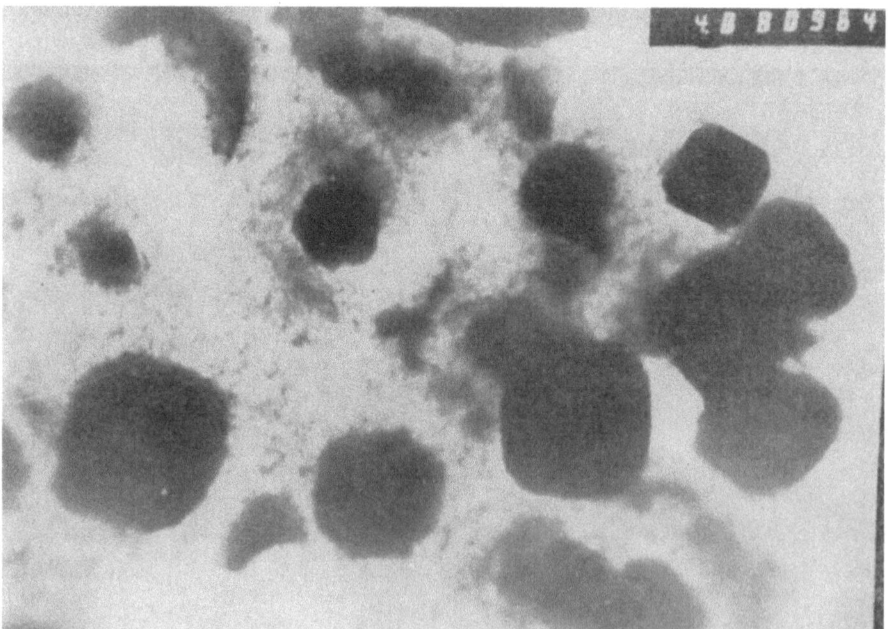

a) Vergrößerung: 8000fach

Abb. 4 Transmissionsmikroskopische Aufnahme an hoch kohlenstoffhaltigen Zeolith Typ A (Ni^{2+}-Gehalt: 5,2 Ma.-%; C-Beladung: 55,1 Ma.-%)

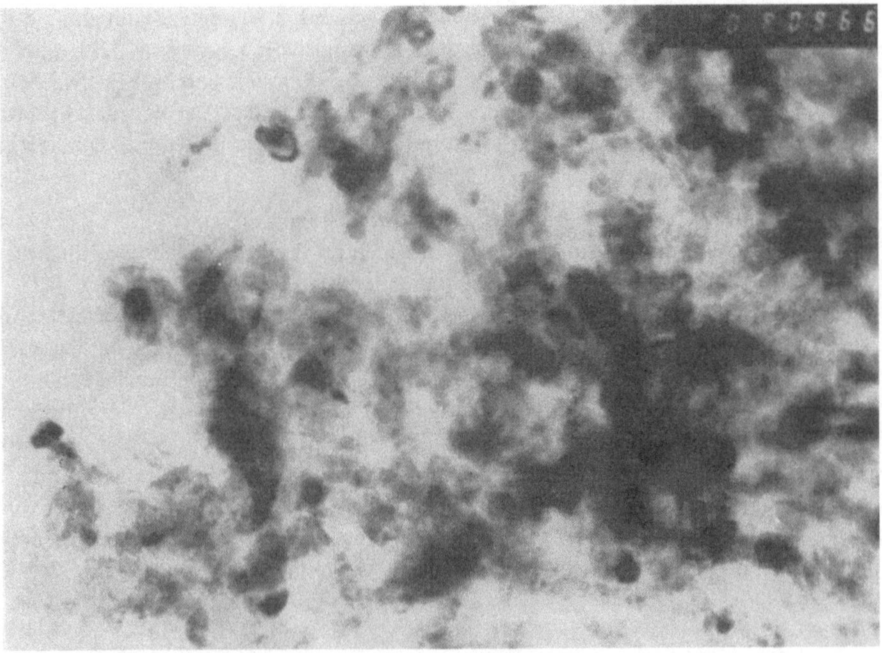

b) Vergrößerung: 200000fach

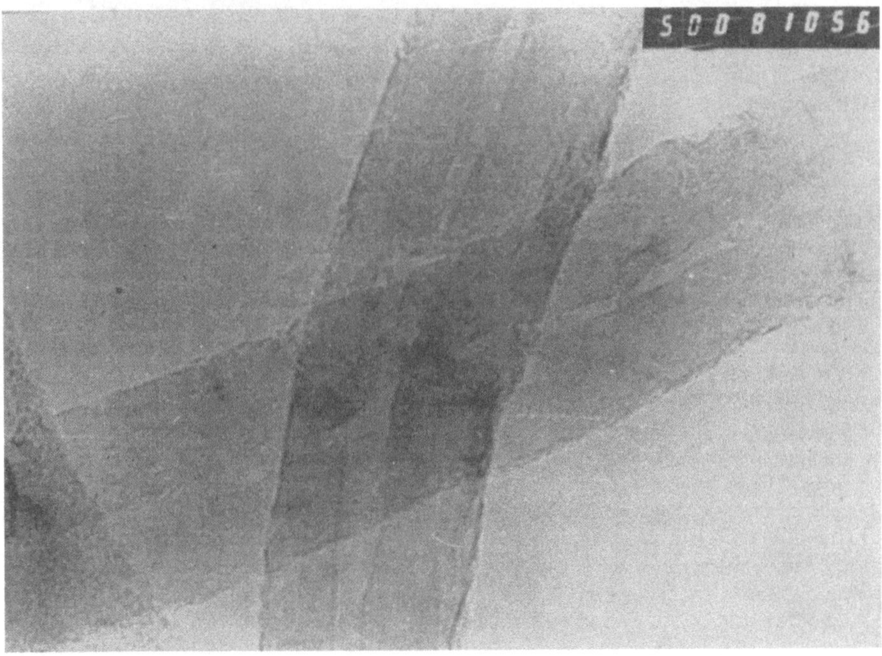

c) Vergrößerung: 1000000fach

an die Anwesenheit von Katalysatorteilchen gebunden ist, eine Bedingung, die in unserem Falle erfüllt war, sowie mit dem Ergebnis von Evans u.a. [21], daß mit handelsüblichem Kohlenstoffdonatorgas geringerer Reinheit bereits bei etwa 500 °C Whisker erhalten werden, eine bei der von uns angewandten Versuchsdurchführung ebenfalls erfüllte Prämisse (Reaktionstemperatur: 450 bis 500 °C; C-Donatorgas: handelsübliches CO).

3.4. Bestimmung der sauren und basischen Oberflächengruppen

Zur Identifizierung von funktionellen Gruppen an der Oberfläche der kohlenstoffbeladenen Adsorbenzien bedienten wir uns einer Methode von Brinkmann [23], die durch Neutralisation mit Säuren bzw. Basen und anschließende Rücktitration des Restsäure- bzw. Basengehalts eine Bestimmung der sauren bzw. basischen Oberflächengruppierungen ermöglicht. Die Ergebnisse zeigt Tab. 2. Daraus ist ersichtlich, daß sich bei den untersuchten Aktivkohletypen B 23 und R 23 das Verhältnis von sauren zu basischen Oberflächengruppierungen durch eine nachträgliche Kohlenstoffbeladung zugunsten der basischen Gruppen verschiebt (Tab. 2; (1) und (2). Auf Ni^{2+}-Zeolithen vom Typ A (jeweiliger Ni^{2+}-Gehalt: 5,2 Ma.-%) mit 27 bzw. 55 Ma.-% Kohlenstoff überwiegen ebenfalls die basischen Oberflächengruppierungen und zwar mit zunehmender C-Beladung in zunehmendem Maße (Tab. 2; (3a) und (3b).

Tabelle 2 Bestimmung von sauren und basischen Oberflächengruppierungen nach Brinkmann [22] an ausgewählten C-haltigen Zeolithen und C-modifizierten Aktivkohlen

Kohlenstoffhaltiges Material	Gehalt an Oberflächengruppierungen [mval/g] sauer	basisch	Gesamt ~	Verhältnis von sauren zu basischen Gruppen
(1) Aktivkohle B 23	0,94	0,11	1,05	8,5 : 1
(a) mit zusätzlich 5 Ma.-% C	0,69	0,17	0,86	4,1 : 1
(b) mit zusätzlich 10 Ma.-% C	0,72	0,21	0,93	3,4 : 1
(2) Aktivkohle R 23	0,85	0,30	1,15	2,8 : 1
(a) mit zusätzlich 5 Ma.-% C	0,64	0,37	1,01	1,7 : 1
(b) mit zusätzlich 10 Ma.-% C	0,59	0,48	1,07	1,2 : 1
(3) Zeolith NaNiA (5,2 Ma.-% Ni^{2+})				
(a) mit 27 Ma.-% C	0,11	0,16	0,27	1 : 1,5
(b) mit 55 Ma.-% C	0,16	0,33	0,49	1 : 2,1

Aus der Literatur ist bekannt, daß sich Kohlenstoff durch Erhitzen unter Luftabschluß von allen Oberflächenverbindungen befreit und, unter O_2-Ausschluß abgekühlt, nach Zutritt von Sauerstoff mit basischen Oberflächenoxiden bedeckt [23]. Mit diesem beschriebenen Vorgang läuft die von uns zur Kohlenstoffabscheidung angewandte Versuchsdurchführung weitgehend konform, wodurch die begünstigte Entstehung basischer Oberflächenoxide erklärt werden kann.

Die basische Natur des durch CO-Disproportionierung abgeschiedenen Kohlenstoffs ist insofern bemerkenswert, da bei handelsüblichen Aktivkohlen basische Oberflächeneigenschaften nur in einigen wenigen Fällen vorkommen.

3.5. Derivatographische Untersuchungen

Wir stellten fest, daß die beim kohlenstofffreien Zeolith bei 780°C bzw. 890°C auftretenden typischen zeolithischen Phasenumwandlungen beim kohlenstoffhaltigen Zeolith nicht mehr erscheinen.

Wie anhand der um 25% verminderten Ionenaustauschfähigkeit des kohlenstoffbeladenen Zeoliths gegen Mg^{2+}-Ionen gegenüber dem kohlenstofffreien Zeolith festgestellt werden konnte [5], kann der abgeschiedene Kohlenstoff die Beweglichkeit der Kationen im Zeolithgitter einschränken und somit Diffusionsbehinderungen bewirken, wodurch neben der Diffusion der austauschfähigen Kationen auch die der bei Phasenumwandlungen entstehenden Sekundärprodukte gehemmt werden könnte.

3.6. Adsorptionsuntersuchungen

3.6.1. Methylenblautiter

Zur Charakterisierung der Adsorptionskapazität der durch Kohlenstoffabscheidung aus der Gasphase hergestellten Kohlenstoffadsorbenzien wurden deren Methylenblautiterwerte[1] nach der von Hassler und McMinn [24] beschriebenen Methode ermittelt. Einige ausgewählte Ergebnisse zeigt Tabelle 3.

Aus Tabelle 3 geht hervor, daß die Methylenblautiterwerte der kohlenstoffbeladenen Zeolithe, bezogen auf den jeweiligen C-Gehalt, im Bereich derjenigen von handelsüblichen Aktivkohlen liegen. An vergleichbaren kohlenstoffbeladenen Zeolithen mit unterschiedlichen C-Beladungen bleibt der Methylenblautiterwert, da bezogen auf den C-Gehalt, nahezu unverändert, d.h. die Adsorptionskapazität nimmt proportional mit der C-Beladung zu, und wesentliche Verdichtungen des Kohlenstoffs treten in Abhängigkeit vom C-Gehalt nicht auf. Eine nichtoxydative Temperaturnachbehandlung kohlenstoffhaltiger Zeolithe führt dahingegen, unabhängig vom C-Gehalt, zu einer deutlichen Verringerung des Methylenblautiters, wodurch, wie bereits röntgenographisch nachgewiesen, eine Dispersitätsabnahme des abgeschiedenen Kohlenstoffs angezeigt wird. Ebenso wird mit Hilfe der Methylenblautiterbestimmung bestätigt, daß der Kohlenstoff auf Zeolithen im Falle geringerer Schwermetallionenbeladung in disperserer Form vorliegt, erkennbar an den jeweils höheren Methylenblautitern, die

[1]) Der Methylenblautiter gibt an, wieviel ml einer 0,12%igen Methylenblaulösung von 100 g wasserfreier Aktivkohle innerhalb von 5 Minuten entfärbt werden (TGL 14324, Gruppe 417, 1963).

Tabelle 3 Ergebnisse der Methylenblautiterbestimmung an ausgewählten kohlenstoffhaltigen Adsorbenzien mit unterschiedlichen Mengen abgeschiedenen Kohlenstoffs sowie nach nicht-oxydativer Temperaturnachbehandlung (jeweils bezogen auf den C-Gehalt der Adsorbenzien in Ma.-%)

Trägermaterial	Durch Abscheidung erzeugte C-Beladung [Ma.-%]	Methylenblautiter (bezogen auf den Gesamt-C-Gehalt)	Methylenblautiter nach einstündiger Temperung bei 600°C unter N_2 (bezogen auf den höheren C-Gehalt nach Temperung)
Aktivkohle B 23	0,0	16,3	–
Aktivkohle R 23	0,0	13,9	–
Zeolith NaNiA	0,0	0,0	–
(1,2 Ma.-% Ni^{2+})	12,1	12,4	8,8
Zeolith NaNiA	9,7	13,9	–
(2,6 Ma.-% Ni^{2+})	20,9	13,8	–
	27,5	14,3	11,2
Zeolith NaNiA	27,1	12,4	11,1
(5,2 Ma.-% Ni^{2+})	55,1	13,1	10,8
Zeolith NaNiX (5,2 Ma.-% Ni^{2+})	33,4	12,6	9,4
Zeolith NaNiY (5,2 Ma.-% Ni^{2+})	30,6	12,4	9,6
NaNi-Mordenit (5,2 Ma.-% Ni^{2+})	32,5	11,9	8,7
Kieselgur (Unterlüss) (7,5 Ma.-% Ni)	21,2	7,4	7,2
Montmorillonit (2,7 Ma.-% Ni^{2+})	7,6	6,5	6,4

in Übereinstimmung mit der höheren Dispersität des Kohlenstoffs eine höhere Adsorptionskapazität anzeigen. Die an kohlenstoffbeladener Kieselgur und kohlenstoffhaltigem Montmorillonit ermittelten Methylenblautiterwerte liegen deutlich unter denen von Aktivkohlen bzw. kohlenstoffhaltigen Zeolithen, da, wie auch röntgenographisch festgestellt werden konnte, der auf diesen Trägermaterialien abgeschiedene Kohlenstoff weniger dispers ist.

3.6.2. Wasserdampfadsorption

Der Einfluß der Kohlenstoffabscheidung auf das Adsorptionsverhalten der zeolithischen Trägermaterialien wurde hinsichtlich der Wasserdampfadsorption untersucht, wobei die Bestimmung der Wasseraufnahme der Proben gravimetrisch nach der Exsikkatormethode erfolgte [5]. Der Verlauf der Wasserdampf-Adsorptionsisothermen in Abhängigkeit vom Kohlenstoffgehalt wurde an einem Ni^{2+}-ausgetauschten Zeolith des Typs A (5,2 Ma.-% Ni^{2+}) untersucht (Abb. 5). Dabei ist hinsichtlich des Isothermenverlaufs in Abhängigkeit vom Kohlenstoffgehalt folgende Tendenz festzustellen: Mit zunehmender C-Beladung des Zeoliths liegen die Isotherme

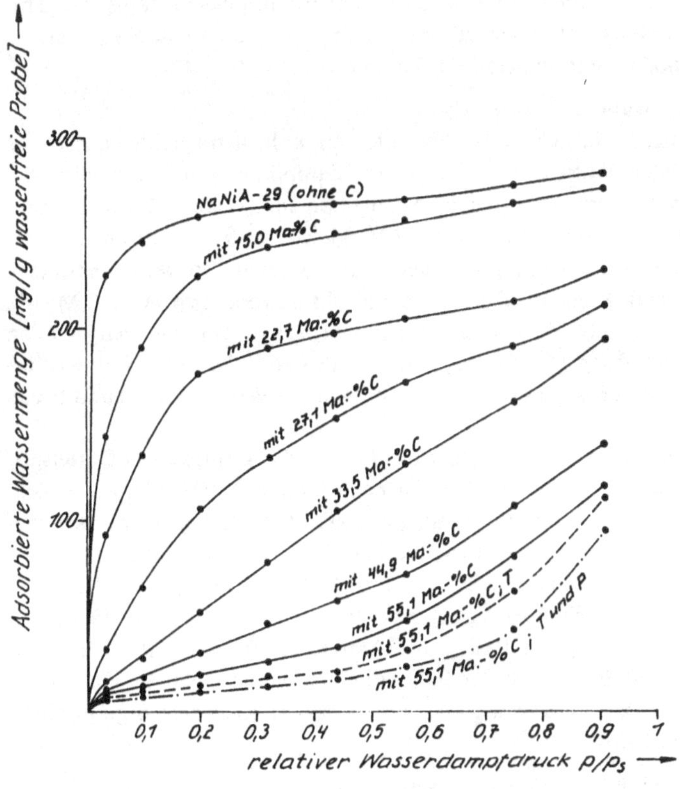

Abb. 5 Wasserdampf-Adsorptionsisothermen (bei 20°C) des kohlenstofffreien bzw. mit unterschiedlichen Kohlenstoffmengen beladenen Zeoliths $NaNiA^-$ 29 (5,2 Ma.-% Ni^{2+}) sowie des nachbehandelten, hoch kohlenstoffhaltigen Zeoliths.
- - - - 1 h bei 600°C unter N_2 getempert
–·–·– wie oben getempert und unter 196,13 MP verpreßt

tiefer und verlaufen gleichzeitig flacher, d.h. sie verlieren allmählich die für den kohlenstofffreien, mikroporösen Zeolith typische ausgeprägte Konvexität. Die am Zeolith mit 33,5 Ma.-% C aufgenommene Isotherme zeigt bereits eine schwach konkave Krümmung, die sich bei höheren C-Beladungen des Zeoliths noch weiter ausprägt, d.h. die Hydrophobie des Kohlenstoffs dominiert nunmehr in zunehmendem Maße über die zeolithische Affinität zum Wasser; der Trägermaterialeinfluß auf die Wasserdampfadsorption wird zurückgedrängt. Wie aus Abb. 5 weiter hervorgeht, führt eine nachträgliche Temperaturbehandlung des kohlenstoffhaltigen Zeoliths mit 55,1 Ma.-% C (1 h bei 600 °C unter N_2) sowie eine Drucknachbehandlung (196,13 MP) (siehe auch 3.2.) zu einem noch deutlicher konkaven Isothermenverlauf, dadurch erklärbar, daß durch Temperung bzw. Drucknachbehandlung kompaktere Zusammenballungen der Kohlenstoffteilchen bzw. verfilzten Graphitbänder (siehe 3.3.) entstehen (Abnahme der Dispersität des Kohlenstoffs), wodurch der Einfluß des zeolithischen Trägers auf die Wasserdampfadsorption weiter zurückgedrängt wird und die Hydrophobie des Kohlenmaterials noch mehr zur Geltung kommt.

3.6.3. Adsorption ausgewählter Adsorptive

Da die durch Kohlenstoffabscheidung hergestellten kohlenstoffhaltigen Zeolithe hinsichtlich des Methylenblautiters und der Wasserdampfadsorption kohleähnliche Eigenschaften aufweisen, interessierte uns die Adsorption einiger speziell ausgewählter Adsorptive an kohlenstoffhaltigen Zeolithen im Vergleich zu derjenigen an handelsüblichen Aktivkohlen bzw. anderen geeigneten Adsorbenzien. So wurde beispielsweise die Fähigkeit eines kohlenstoffbeladenen Zeoliths vom Typ A (5,2 Ma.-% Ni^{2+}; 5,1 Ma.-% C) untersucht, Ölnebel aus einem CO_2-Gasstrom in Gegenwart von Wasser adsorptiv zu entfernen [5]. Es zeigte sich, daß der untersuchte kohlenstoffhaltige Zeolith ein etwa gleiches Öladsorptionsvermögen wie Wofatit OK80 und B-Gel besitzt.

Aus dem angeführten Zeolith wurde ferner die Farbstoffadsorption aus Dattelsaftlösung untersucht [5], eine Eigenschaft, die erst nach Kohlenstoffbeladung des Zeoliths auftritt. Hinsichtlich der Dattelsaftentfärbung übertrifft der genannte kohlenstoffhaltige Zeolith die beiden untersuchten handelsüblichen Aktivkohlen B 23 und R 23 trotz deren höheren Kohlenstoffgehaltes deutlich. Bei Aktivkohle B 23 bewirkt eine zusätzliche Kohlenstoffbeladung von 5 Ma.-% eine Erhöhung der Farbstoffadsorption aus Dattelsaftlösung um 18,5 %, bei Aktivkohle R 23 um 19 %, d. h. der abgeschiedene Kohlenstoff übt in diesem Falle einen synergistischen Effekt auf die Farbstoffadsorption aus Dattelsaftlösung aus, womit dessen besondere Eignung hierfür unter Beweis gestellt wird.

3.6.4. Gaschromatographische Untersuchungen

An einigen ausgewählten Zeolithen wurde der Einfluß der Kohlenstoffbeladung auf deren CO/CH_4-Trennvermögen untersucht, wobei die Gasadsorptionschromatographie (Elutionsmethode) benutzt wurde. Eine detaillierte Beschreibung der gaschromatographischen Apparatur wird in [25], der Analysenbedingungen in [5] gegeben. Aus den erhaltenen Chromatogrammen wurden die Retentionszeiten von CO und CH_4 ermittelt und daraus die Trennfaktoren α bezüglich der CO/CH_4-Trennung nach

$$\alpha_{2,1} = \frac{t_{dR,2}}{t_{dR,1}} \qquad (2)$$

($t_{dR1,}$ — Retentionszeit der Komponente 1)

berechnet. Nach [26] gibt das Verhalten von Adsorbenzien gegenüber einem CO/CH_4-Gemisch Aufschluß über das Verhältnis von spezifischen und nichtspezifischen Adsorptionswechselwirkungen: Während Zeolithe mit ihrer Fähigkeit zu spezifischen Adsorptionswechselwirkungen bevorzugt CO adsorbieren, wird von Kohlen CH_4 gegenüber CO bevorzugt. Der Einfluß der Kohlenstoffbeladung auf das CO/CH_4-Trennvermögen soll anhand eines Ni^{2+}-Zeoliths vom Typ A (5,2 Ma.-% Ni^{2+}) demonstriert werden (Tab. 4). Aus Tab. 4 geht hervor, daß der kohlenstofffreie Zeolith ein CO-selektives Trennverhalten aufweist. Mit zunehmender C-Beladung nehmen die Werte für α_{CO/CH_4} ab, da infolge der Blockierung der aktiven Adsorptionszentren im Zeolith durch den abgeschiedenen Kohlenstoff die spezifischen Wechselwirkungen des Zeoliths zum CO eingeschränkt werden, wodurch die CO-Adsorption zurückgeht (energetischer Effekt).

Tabelle 4 Trennfaktoren der CO/CH_4-Trennung, α_{CO/CH_4} bei 20°C in Abhängigkeit von der C-Beladung des Zeoliths NaNiA (5,2 Ma.-% Ni^{2+}) sowie zum Vergleich an zwei handelsüblichen Aktivkohlen

	zusätzliche Kohlenstoffbeladung [Ma.-%]	α_{CO/CH_4}
NaNiA	0,0	7,2
(5,2 Ma.-% Ni^{2+})	15,0	4,8
	22,7	2,5
	27,1	1,3
	33,5	0,9
	36,5	0,8
	44,9	0,6
	50,8	0,5
	55,1	0,5
	55,1 (1 h bei 600°C unter N_2 nachgetempert)	0,7
B 23	0,0	0,4
R 23	0,0	0,4

Bei einer C-Beladung des Zeoliths von etwa 30 Ma.-% fällt α_{CO/CH_4} auf Werte unter 1, d.h. in diesem Beladungsbereich kehrt sich die Trennselektivität um, und CH_4 wird bevorzugt adsorbiert. Die zeolithische Unterlage hat damit ihren dominierenden Einfluß verloren. Eine weitere Erhöhung der C-Beladung des Zeoliths führt zu einer Verbesserung der CH_4-Selektivität, bis schließlich bei einem C-Gehalt von etwa 50 Ma.-% eine den handelsüblichen Aktivkohlen B 23 und R 23 gleichkommende CO/CH_4-Trennung erreicht wird (Tab. 4). Eine nachträgliche einstündige Temperaturbehandlung des kohlenstoffhaltigen Zeoliths führt wieder zu einem Rückgang der

CH_4-Selektivität, verursacht durch eine Abnahme der CH_4-Retentionszeiten. Hierfür ist u.E. ein sterischer Effekt verantwortlich:

Obwohl der durch Temperaturbehandlung verdichtete Kohlenstoff den Einfluß des zeolithischen Trägers stärker zurückdrängen kann, stellt er in diesem Falle den CH_4-Molekülen (kritischer Moleküldurchmesser 0,4 nm) gleichzeitig eine stärkere sterische Behinderung entgegen, wodurch die CH_4-Adsorption abnimmt.

4. Schlußfolgerungen

Hinsichtlich des Einflusses des abgeschiedenen Kohlenstoffs auf das Adsorptionsverhalten der Zeolithe läßt sich folgender allgemeiner Trend feststellen: Mit zunehmender Kohlenstoffbeladung geht der Einfluß des zeolithischen Trägers auf die Adsorptionseigenschaften kohlenstoffhaltiger Zeolithe zurück. Infolge der hohen Dispersität des abgeschiedenen Kohlenstoffs kommt jedoch der zeolithische Einfluß bis zu Kohlenstoffbeladungen von etwa 30 Ma.-% noch zur Geltung. Bei dieser Beladung erfolgt der Umschlag vom zeolithtypischen in kohletypisches Verhalten, das sich mit zunehmender Kohlenstoffbeladung weiter ausprägt, während der Einfluß des Zeoliths vom abgeschiedenen Kohlenstoff völlig überdeckt wird und nicht mehr wahrnehmbar ist. Durch Kohlenstoffmodifizierung von Zeolithen mit geringem Schwermetallionengehalt (höhere Dispersität des abgeschiedenen Kohlenstoffs) kann die für den Eigenschaftsumschlag kennzeichnende Kohlenstoffbeladung zu höheren, durch Temperatur und/oder Drucknachbehandlung (Verdichtung des Kohlenstoffs) zu niedrigeren Beladungen verschoben werden. Hoch kohlenstoffhaltige Zeolithe zeigen typische aktivkohleähnliche Eigenschaften, wie hohe Methylenblautiterwerte, ausgeprägte Hydrophobie und CH_4-Selektivität.

In einigen Fällen wurde nachgewiesen, daß durch Kohlenstoffbeladung der Zeolithe auch völlig neue, zeolithuntypische Adsorptionseigenschaften (Methylenblauadsorption, Farbstoffadsorption aus Dattelsaftlösung) entstehen können.

Durch Überlagerung eines Kohlenstoffgerüstes über eine anorganische Matrix (Zeolithgerüst) durch Kohlenstoffabscheidung auf dem Zeolith aus der Gasphase über das Boudouard-Gleichgewicht sind Kombinationen der Eigenschaften vom zeolithischem Trägermaterial und überlagertem Kohlenstoff möglich, wodurch die Adsorptionseigenschaften des Zeoliths modifizierbar sind und neuartige Eigenschaften resultieren.

Für die Anfertigung der elektronenmikroskopischen Aufnahmen danken wir dem Institut für Festkörperphysik und Elektronenmikroskopie der Akademie der Wissenschaften der DDR, insbesondere Herrn Prof. Dr. Heydenreich, Herrn Dr. Scholz und Herrn Germer.

Literatur

[1] H. Jüntgen: Lehrstuhl für Wasserchemie, Universität Karlsruhe **8** (1975) 23.

[2] D. W. Breck: „Zeolite Molecular Sieves", John Wiley & Sons, New York, London-Sydney-Toronto 1974.

[3] Standardlieferprogramm des VEB CKB.

[4] W. Krüger: Dissertation, Martin-Luther-Universität Halle 1969.
[5] W. Hager: Dissertation, Martin-Luther-Universität Halle 1981.
[6] DDR-Standard, „Aktivkohle, technische gekörnt", TGL 14323 (1963).
[7] Autorenkollektiv: „Ullmann's Enzyklopädie der technischen Chemie", Verlag Urban und Schwarzenberg, München-Berlin 1964, Bd. 15, 369.
[8] H. P. Boehm: Carbon **11** (1973) 583.
[9] v. Wangenheim: Brennst.-Chem. VIII, **24** (1927) 385–388.
[10] F. Fischer, P. Dilthey: Brennst.-Chem. IX, **2** (1928) 24–30.
[11] W. Baukloh: Arch. f. Eisenhüttenwesen **16** (1942) 197.
[12] Autorenkollektiv: „Gmelin's Handbuch der anorganischen Chemie", Verlag Chemie GmbH, Weinheim/Bergstraße, 906, 908, 953, 962.
[13] W. Hentschel: Dissertation, Martin-Luther-Universität Halle 1979.
[14] H. Fürtig: Dissertation, Martin-Luther-Universität Halle 1964.
[15] O. Ruff, G. Schmidt, W. Olbrich: Z. anorg. allg. Chem. **148** (1925) 313.
[16] U. Hofmann, E. Groll, J. Lemcke: Z. f. angew. Chem. **44** (1931) 841–845.
[17] E. Wilm, U. Hofmann: Kolloid-Z. **70** (1935) 21.
[18] W. N. Reynolds: „Physical Properties of Graphite", Elsevier Publ. Comp. Ltd., Amsterdam-London-New York 1968, 1–4.
[19] G. E. Bacon: Acta Cryst. **4** (1951) 558.
[20] G. E. Bacon: J. appl. Chem. **6** (1956) 477.
[21] E. L. Evans, J. M. Thomas, P. A. Thrower, P. L. Walker, Jr.: Versammlungsberichte der internationalen Kohlenstofftagung, Baden-Baden 25.–30. 6. 1972. in: Chem.-Ing.-Techn. **44** (1972) 1322.
[22] G. Brinkmann: Angew. Chem. **61** (1949) 378.
[23] U. Hofmann, G. Ohlerich: Angew. Chem. **62** (1950) 16.
[24] J. W. Hassler, W. E. McMinn: Ind. engng. Chem. **37** (1945) 645.
[25] D. Krüger: Dissertation, Martin-Luther-Universität Halle 1978.
[26] N. N. Turkeltaub, A. A. Suchovitzki, N. V. Porsneva: J. angew. Chem. **34** (1961) 1946

ISBN 3–05–500010–2
ISSN 0138–3965

Zeitfracht Medien GmbH
Ferdinand-Jühlke-Straße 7
99095 Erfurt, Deutschland
produktsicherheit@kolibri360.de